U0319826

起重机结构非概率可靠性分析及应用研究

杨瑞刚　赵广立　著

北　京
冶 金 工 业 出 版 社
2022

内 容 提 要

本书基于起重机金属结构设计理论，针对起重机桥架结构小样本可靠性数据的特点，运用非概率凸集合理论得到起重机桥架结构非概率可靠性模型，并确定其非概率可靠度；同时，从非概率时不变可靠性和时变可靠性角度分析起重机臂架结构。通过工程实例的验证，找到评价基于非概率模型的起重机桥架结构可靠性分析的方法。该研究为起重机结构的可靠性研究提出了一种新的思路，也可对相关重大装备的可靠性分析提供一定参考价值。

本书可供从事起重机等机械设备设计、生产、使用工作的设计人员、工程技术人员及相关专业高等院校师生阅读和参考。

图书在版编目(CIP)数据

起重机结构非概率可靠性分析及应用研究/杨瑞刚，赵广立著．—北京：冶金工业出版社，2020.10（2022.4 重印）

ISBN 978-7-5024-8622-8

Ⅰ.①起… Ⅱ.①杨… ②赵… Ⅲ.①起重机—结构可靠性—结构分析 Ⅳ.①TH210.3

中国版本图书馆 CIP 数据核字（2020）第 200547 号

起重机结构非概率可靠性分析及应用研究

出版发行	冶金工业出版社	**电　　话**	(010)64027926
地　　址	北京市东城区嵩祝院北巷 39 号	**邮　　编**	100009
网　　址	www.mip1953.com	**电子信箱**	service@mip1953.com

责任编辑 李培禄 常国平 美术编辑 彭子赫 版式设计 禹 蕊

责任校对 郑 娟 责任印制 李玉山

北京中恒海德彩色印刷有限公司印刷

2020 年 10 月第 1 版，2022 年 4 月第 2 次印刷

710mm×1000mm 1/16；7.5 印张；151 千字；109 页

定价 45.00 元

投稿电话 (010)64027932 投稿信箱 tougao@cnmip.com.cn

营销中心电话 (010)64044283

冶金工业出版社天猫旗舰店 yjgycbs.tmall.com

（本书如有印装质量问题，本社营销中心负责退换）

前　言

起重机安全问题越来越受到国家各级政府的重视，随着我国重工业的大幅度兴起，重工业生产总值的提高和科技的进步越来越快，机械特种设备的应用领域不断扩大，在军工、煤炭企业、港口运输、石油开采等行业不断兴起并得到广泛的应用。在特种设备的应用中，起重机的应用最为广泛，其中，履带式起重机作为大型的特种设备，其安全性、可靠性、寿命直接影响到是否会发生意外事故，特别是大型项目施工过程，事故一旦发生不仅会造成巨大的经济损失，还会危及工作人员的生命安全。履带式起重机在设计、生产、安装、使用、维护任一个环节疏忽都会出现不可逆转的事故。因此，起重机的可靠性成为众多学者研究的重点。履带式起重机的主要承重部件就是臂架结构，通过分析臂架结构在变幅平面和回转平面的受力，能够对其可靠性的研究起到关键作用，也对整机的安全性、可靠性有重要的作用，鉴于此，本书在研究臂架结构的可靠性及其分析方法上有着重要的实际意义和社会意义。

作为机电类特种设备的起重机安全评估与评估方法研究，更成为特种设备检验检测机构关注的焦点。

本书是由太原科技大学杨瑞刚教授和山西省特种设备监督检验研究院赵广立教授级高工共同合作完成的。同时，感谢马艳利、路艺、李晓霞、杨淑伟等同学为本书的辛勤工作和付出。特别感谢山西省特种设备监督检验研究院对本书试验数据方面的支持。

本书由质检公益性行业科研专项（201210068）资助。

作　者

2020年7月

目　　录

1 绪　论

1.1 研究的背景和意义

改革开放以来，随着我国重工业的迅速兴起，重工业生产总值的提高和科技的进步越来越快，机械特种设备的应用领域不断扩大，在军工、煤炭企业、港口运输、石油开采等各个行业不断兴起并得到广泛的应用。在特种设备的应用中，起重机的应用最为广泛，其中，履带式起重机作为大型的特种设备，其安全性、可靠性、寿命直接影响到是否会发生意外事故，特别是大型项目施工过程，事故一旦发生不仅会造成巨大的经济损失，还会危及工作人员的生命安全。履带式起重机在设计、生产、安装、使用、维护任一个环节疏忽都会出现不可逆转的事故。因此，履带式起重机的可靠性成为众多学者研究的重点。如图 1-1 所示，履带式起重机的主要承重部件就是臂架结构，通过分析臂架结构在变幅平面和回转平面的受力，能够对其可靠性的研究起到关键作用，也对整机的安全性、可靠性有重要的作用，鉴于此，本书在研究臂架结构的可靠性及其分析方法上有着重要的实际意义和社会意义。2017 年 11 月 10 日在武汉召开的全国起重机械标准技术第二届四次会议对起重机臂架结构从设计到制造、生产、使用、监测、维修和维护提出了统一的标准，对起重机臂架结构进行了系统的规定，也形成了安全标准指标以及参考体系，体现了相关机构和学者对于起重机安全性的重视，所以，研究起重机臂架结构的可靠性是极其重要的。

图 1-1　履带式起重机

1.2　传统可靠性理论的简述及国内外现状

国内外的传统可靠性理论分为两类：一类是概率可靠性理论，所谓概率可靠性理论就是通过处理样本数据得到相关概率分布函数，如泊松分布等；另一类是模糊可靠性理论，这一理论则是通过已知的样本数据得到隶属函数，该隶属函数只针对变量进行计算。传统可靠性理论都是需要大量的样本数据，结果可信度比较高，目前国内外研究相对完善，并且在实际工程中得到了广泛的应用。

1.2.1　不确定性因素

在研究金属结构可靠性时，由于工件的自身性质、设计误差、加工生产误差、环境因素、人为因素、使用和维护等过程伴随产生不确定性因素是不可避免的，尤其是在对大型特种设备零部件的非概率可靠性进行分析时，首先就要分析上述的不确定因素，通过对不确定因素进行量化，可以知道合适的不确定参数，才能算出适合该模型的不确定因素，最后分析结果。一般地，金属结构的参数分为三类，即材料本身的特定参数、生产的尺寸边界参数、工作时的载荷参数。材料本身的特定参数和生产加工时的尺寸边界参数是金属结构的已知属性，通常不会受其他因素的影响，而工作时的载荷受到环境因素的影响，是一个动态值，无法确定。目前有三种方法用来描述不确定因素，分别是：概率描述法、模糊描述法、区间分析法。

1.2.2　概率可靠性的简述及研究现状

20 世纪初，可靠性理论开始被提出，A. M. Freudenthal 在《结构安全性》一书中首次提出了理想塑性可靠性理论，奠定了概率可靠性理论的研究基础，从此国内外学者在此基础上不断创新和改进，时至今日，概率可靠性理论已经趋于完善。

在实际工程操作中，所处的环境并不是无误差状态，对工作环境的外部影响因素、内部材料特性因素、工作级别、工况等情况，都会出现三类不确定性参数，而这些因素会对结果产生较大的影响，因此，首要问题就是如何找到不确定性参数，找到不确定参数后如何处理数据，建立怎样的变量关系等，鉴于此，引入概率可靠性可将这些不确定性因素视为随机变量，通过建模将其转化为常规概率问题。

概率可靠性经典定义为：在规定的时间和条件下，结构完成规定任务的能力。能力越高，结构越安全可靠，概率可靠性越大，失效概率越小。Monte-Carlo 法作为求解结构失效概率的一种常用方法，优点在于计算精度高，可得到较为实际准确的数值，但是由于计算量大且过程复杂，在许多应用中是一种并不会被优先选择的方法。为了解决这一问题，学者们在此基础上提出了新的方法，如重要抽样法等，即选出重点需要抽样的样本，以减轻抽样工作量。此外，Cornell 提出了结构可靠性指标，采用一次可靠度方法（FORM 法），但由于计算过程复杂且计算量大，很多学者在此基础上做出改进。杨迪熊结合混合动力学将 FORM 方法引入求出可靠度，形成非线性映射。杨迪熊等改进了 FORM 算法，对一次二阶矩法拟合失效曲面的算法作了修正。就非线性程度高的模型，一次二阶矩法计算误差较大，有学者提出二次二阶矩法来度量结构可靠度。

1.2.3 模糊可靠性的发展与研究现状

概率可靠性已经趋于完善，并且在实际工程中得到广泛的应用，但一些不确定性因素无法准确的测量，所以引入了模糊可靠性这一概念。早在 20 世纪中叶，美国加州大学教授 L. A. Zadeh 首次提出用隶属函数来描述模糊可靠性，之后的学者不断提出新的理论，N. Shiraishi 等利用模糊集理论将失效事件重新定义一种形式，对主观不确定性因素错误建模和加工误差做出明确的评价，并且利用模糊概率分析理论推导出一种新的可靠性方法，为模糊可靠性理论奠定了基础。董玉革等用已知模糊信息的隶属函数确定失效事件的方法，用模糊变量描述不确定性因素，由于隶属形式复杂，所以通过模糊概率理论分析可靠性，并给出了统一的表达式，同时建立了可以处理传统可靠性和模糊可靠性同时出现的不确定性因素的可靠性分析方法。J. P. Sawyer 等提出了模糊强度与载荷值的比较方法，进一步确定金属结构的安全性和可靠性。R. Viertl 基于模糊寿命数据，提出了可靠性的分析方法。

总体来说，模糊可靠性比传统概率可靠性更加适应实际工程，通过两者相结合能解决实际中的大部分问题，但是模糊可靠性仍旧处于探索阶段，各种理论不如概率可靠性完善，不确定性因素难以测量和获得，不同于确定性数学问题有实际数值，且均为专家靠主观分析经验获得，没有具体的评判标准，但是无论是传统概率可靠性还是模糊可靠性，都需要足够的样本信息，从概率的角度研究金属结构的安全可靠性。

1.3 非传统概率可靠性研究现状

在实际操作过程中，很多数据难以测量甚至由于不能测量而导致忽略，无论是传统概率可靠性还是模糊可靠性都需要大量样本数据才能得到概率密度函数或者隶属函数，为解决这个问题，国内外许多学者对可靠性研究都是从建立模型角度出发，例如：Ben Haim 用非概率凸集合模型描述结构的不确定性，在凸集合模型基础上提出了非概率可靠性概念。Elishakoff 等提出通过用上下边界的凸模型集合来描述不确定性参数，只需要知道变量之间的上下界线，这种方法是采用非概率凸模型来描述的。郭书祥等采用区间变量描述结构不确定性参数，提出一种基于区间分析的结构非概率可靠性方法。Pantelides 等提出了椭球凸模型的建模方法，指出不确定性参数间的相关性。杨瑞刚等用时变可靠性理论分析了桥式起重机金属结构，将机电类特种设备钢结构系统的可靠性分析失效准则与结构剩余寿命评估准则结合起来。徐格宁等通过获取载荷谱，计算出起重机疲劳剩余寿命和可靠度。Kang Zhan 等则采用了非概率可靠性模型和凸模型同时描述不确定性参数的方法，有效地提出了求解可靠性指标的算法，同时还考虑了金属结构参数的随机性和不确定性，用概率和凸模型描述这些不确定性，并给出了相应的可靠性指标算法。韩志杰等是从不确定性参数的角度出发，结合凸模型非概率可靠性相关理论，提出了一种通过分析失效概率而得到可靠性的度量指标，并结合实例对区间的约束获得了结构参数的最优算法和结果，验证了有效性。吴志强等提出了金属结构可靠性优化设计方法，基于非概率可靠性理论和不确定性因素的可靠性优化设计的问题对可靠性优化提出了具体方法。Cremona 等结合可能性理论，提出了一种与概率可靠性模型相类似的结构模糊可靠性的计算方法。邱志平对区间非概率集合理论做了深入的研究，他和 Elishakoff 的观点一致，在 Elishakoff 的基础上，加入概率可靠性方法，提出了一种非概率可靠性的度量方法。王晓军[29]提出了一种新的非概率集合模型用来分析结构的可靠性，用结构安全域的体积和不确定变量域的总体积之比来作为非概率可靠性的度量指标，该度量方法和概率可靠性度量方法具有相容性。

现阶段，非传统概率可靠性系统虽然不完善，但是一些基础概念已经初具模型，如非概率可靠性、非概率可靠性指标及其分类、凸模型理论、区间模型理论等。但是仍有很大空间有待开发，如非概率可靠性指标的计算方法、非概率可靠性在实际工程中的应用不完善、边界条件难以确定等。所以在实际工程中，无论是概率可靠性理论模型还是非概率可靠性理论模型，两者相结合可以有效地分析金属结构的可靠性。

1.4 非传统概率时变可靠性的发展与研究现状

在 20 世纪中叶非概率可靠性研究的过程中，人们发现金属结构的可靠度是随着时间变化的，并非一个定值，这是由于金属零部件在设计、生产以及后期的使用过程中，会受到环境、自身材质功能退化、长期变化的载荷等影响，故而可靠度是随时间延长而降低。所以，在研究非概率可靠性的过程中，要将时间效应考虑进去，将动态载荷和结构抗力退化与时间结合进行分析，得出可靠度关于时间变化的函数，最终确定某一时间的金属结构可靠度。

针对这方面的研究，早在 20 世纪 70 年代就有学者提出相关理论。Gong

Jinxin 提出结构的自身性质、性能会随着使用时间增加而实际可靠度降低，并研究出一种金属结构退化的方法。Geidl 提出在计算可靠度时，金属结构的时变性质会被忽略或仅仅由一个平均数表示，变载荷一般是增加的，即变载荷概率密度函数的平均值会随时间变化，于是增加一些时变元素，导出计算公式，可得到相关的可靠度。Bruno Sudret 提出了跨越率新的解析表达式及其实现方法，并进行了精度的改进，对钢梁结构的随机载荷进行了可靠性评价。Z. Hu 等采用随机多项式混合展开法逼近极限状态函数，考虑不确定性因素利用时变分析可靠性。在分析臂架可靠性方面，马思群等通过对门座起重机的臂架结构进行有限元分析，进一步做了可靠性分析，得出了起重机臂架的主要故障风险度。欧阳中和欧阳旭辉建立了塔式起重机吊臂的有限元模型，应用应力-强度干涉理论对其进行了可靠性分析。靳慧等[36]提出了在随机载荷作用下，利用随机有限元计算铁路起重机臂架结构可靠性的方法。王印军[37]对轮式起重机的箱形臂架进行了非概率可靠性研究，并对臂架截面进行了非概率可靠性优化。在国内对时变可靠性的研究中，李桂青在《工程结构时变可靠度理论及其应用》一书中提到结构时变可靠性的概念，即金属结构在动态载荷和不确定因素的影响下，一定的时间和条件下完成预设功能的可能性。

目前，计算时变可靠性的方法有三种，即蒙特卡洛法、跨越率法、静态转换法。蒙特卡洛法是一种随机抽样的方法，需要大量随机样本和工程信息经过模拟统计出来，最后对结果进行结构时变可靠度分析。跨越率法是先算出跨越率而后得到可靠度，这种方法成为分析结构时变可靠性的主要方法，但是其计算过程复杂，精度要求高，随机过程的理论难以理解，所以跨越率法仍在不断的研究中。静态转换法恰好弥补了跨越率法计算过程复杂这一缺点，采用极限状态分布在近似载荷附近，利用极值算出时变可靠度。

在实际工程中，结构时变可靠性仍存在许多问题，如样本信息不容易测量、计算静态可靠度时要求精度高、非概率可靠性的边界难以确定等。利用非概率可靠性与传统可靠性相结合，得出静态非概率可靠度，将可靠度结合时变最终计算出在金属结构有效寿命内的可靠度随时间变化的情况。对于这种新型的可靠性计算方法而言，目前还处于初级探索阶段，很多理论不成熟，越来越多的学者对其开始进行深入研究。

1.5 起重机臂架结构非传统概率时变可靠性

随着我国重工业的发展，大型特种设备的应用所占比例越来越大，安全可靠成为首要问题，尤其是大型起重机的应用。履带式起重机作为大型特种设备中典型代表，其工作优点主要有：起重量大，有效作业幅度能达到较高水平，转弯半径小，地面承载小，作业时无需支腿等。目前，履带式起重机的应用逐渐广泛，其自身的性能也在不断优化，今后会更多地应用到各个工程领域。

履带式起重机在工程机械实际应用中占的比重很大，其安全可靠性备受关注，但我国与工业大国相比在这方面差距还是很大的，主要是安全可靠性的评测、起重机的使用和维护等。平克楠对履带式起重机在服役期间的安全性进行了评价，并提出一种在使用期内起重机重要部件金属结构的安全可靠性和寿命评估的新型技术方法，其中包括部件焊缝应力检测、臂架结构强度刚度稳定性试验分析等。姚钢以履带式起重机为例，对国内外的系列型号进行对比，研究了履带式起重机起重量随着吨位增加起重量按照指数函数呈递减的规律。王杨健对起重机在服役期间内的安全检查做了详细总结并进行了综述。可以看出，越来越多学者在不断改进起重机性能和结构的过程中，更多的是考虑其安全可靠性，一旦发生事故都是不可逆转的，不仅会导致经济损失，更严重的是会导致人员伤亡。所以只考虑金属结构某一时间内可靠性的优化是片面的，应结合时变理论计算起重机在服役期间可靠度随时间变化的情况，基于此李晓霞将区间非概率可靠性与时变结合对起重机臂架结构进行研究，将最大和最小模型转化为一维优化算法，即解一元方程得到可靠度，这种方法可避免大量计算和区间扩张。王建华基于桥式起重机采用时变可靠性理论对金属结构的静态可靠性方法评估作出了改进，结合随机模拟过程将时间参数加入到结构抗力和载荷效应的函数中，算出了时变可靠度，将结果与静态可靠性方法求得的可靠度进行对比说明。

综上所述，履带式起重机在设计的过程中要考虑很多因素，如作业环境、安装操作、安全检查、定期维护等，而臂架结构是起重机主要部件之一，在设计时重点对其强度、刚度、稳定性的非概率可靠性进行分析，并结合非概率时变理论，考虑时间累计对金属结构的影响。

1.6　本书的主要工作

第 1 章：主要是从课题的研究背景和意义出发，对传统可靠性、非概率可靠性、时变可靠性相关理论等，分别介绍了国内外目前的研究现状。

第 2 章：建立简单的履带式起重机臂架结构的力学模型，分析了臂架结构承受的载荷以及在最不利载荷状况下相关应力集中点和应力集中截面的应力载荷的计算，分别给出了计算臂架结构强度、刚度、稳定性的失效功能函数。

第 3 章：介绍了基于区间的非概率时不变可靠性方法在履带式起重机臂架结构中的应用。

第 4 章：介绍了基于区间的非概率时变可靠性方法在履带式起重机臂架结构

中的应用。

第 5 章：介绍了基于凸模型的非概率时不变可靠性方法在履带式起重机臂架结构中的应用。

第 6 章：介绍了基于凸模型的非概率时变可靠性方法在履带式起重机臂架结构中的应用。

2 履带式起重机臂架结构力学模型

履带式起重机因其起重性能好、履带对地面压力小、作业比较稳定、不需要打支腿，如果借助附加装置还可进行土方石作业等诸多优点，被广泛应用于建筑、石油化工、水电建设等领域。履带式起重机的优越性通常体现在臂架上，臂架结构是起重机的主要承载部件，其结构形式采用空间桁架结构。因为圆管杆件自重轻、抗风能力强，所以桁架结构的臂架多为圆管，具有杆件接头处力的传递性好、抗弯抗扭能力强等特点。桁架式吊臂由于其受力特点，在端部与顶节为变截面，中间受到的载荷较为均匀做成等截面，从结构上看都是四弦杆桁架，如图2-1 所示。

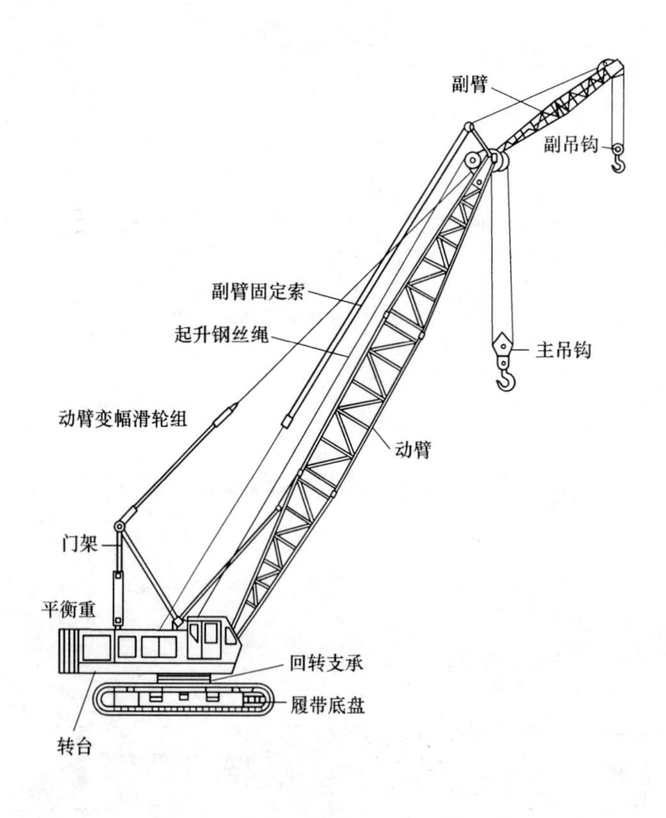

图 2-1　履带式起重机结构简图

2.1 臂架计算原则及方法

2.1.1 结构简化与计算模型的建立

臂架通常由弦杆和腹杆组成。主弦杆位于横向截面的四个角点，主要承受轴向载荷；用斜腹杆连接弦杆，主要承受水平方向载荷。通常还有直腹杆（臂节两端）和空间斜腹杆，用来保证截面形状。履带式起重机臂架通常由底节、标准节、顶节构成。通过不同标准节（有 3m、6m、9m、12m 等）与底节、顶节的组合，来形成不同长度的臂架，从而满足不同作业空间的要求。臂架中间节即由不同标准节来确定其长度，截面大多做成相同的，两端的臂节根据其受力状态一般为非等截面的。各臂节如图 2-2 所示。

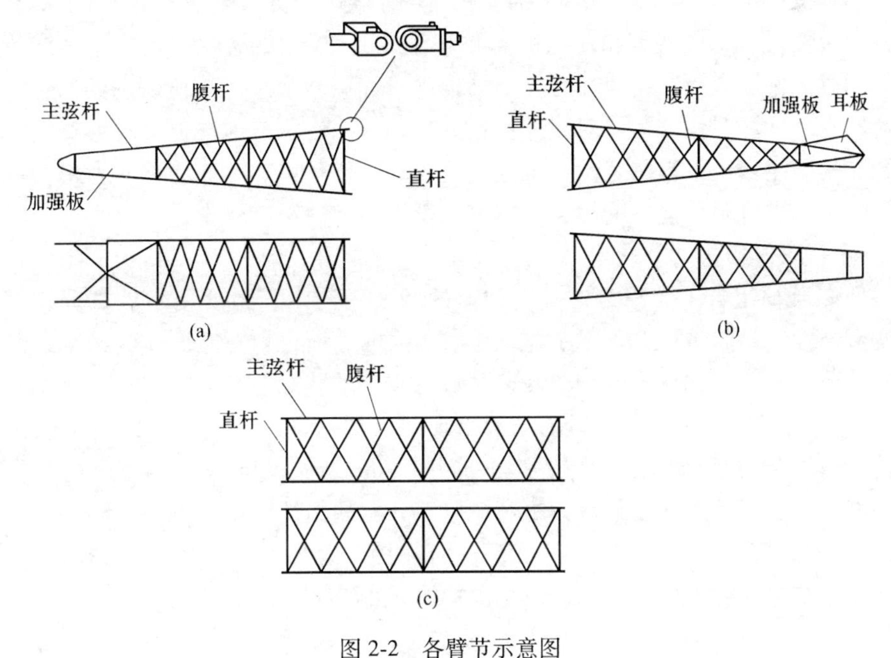

图 2-2 各臂节示意图

（a）臂架根部；（b）臂架顶端；（c）6m 长标准臂节

在变幅平面内，臂架底部用销轴与车体连接，可视作固定铰支座，臂架顶端可视作可动铰支座。参照材料力学中的简化形式，此处的臂架视为两端简支的梁。

同理，根据材料力学中的简化，在旋转平面内臂架相当于悬臂结构，由于端根部的双耳式结构连接，允许臂架耳板与耳座之间微小位移[49]，故可以简化为一端固定一端可动的铰支座，而端部是自由的。在旋转平面内承受的载荷相对更大。

在工程计算中常需要做一些假设处理：

（1）臂架结构是材料特性为常数的弹性结构；

（2）对于臂架结构抗轴向力的影响以及弯矩的影响腹杆是可有可无的，只有对于臂架的剪切力腹杆才是有作用的。

2.1.2 工作载荷及载荷组合

依据文献与《起重机设计手册》可知，对结构分析时需要研究的载荷有：常规载荷、特殊载荷以及偶然载荷。常规载荷包括：臂架的自重载荷、起升载荷以及臂架的水平惯性载荷等，这些载荷都要考虑到相应的系数：冲击载荷系数与起升动载系数。偶然载荷只有风载荷。特殊载荷包括：不工作时的风载荷以及静、动态试验产生的载荷等。下边各节将会介绍这些载荷的分析与计算。

起重机在工作过程中，根据用途和机型的不同，所承受的外载荷也不相同，按其作用性质、工作特点和发生频度可分为图 2-3 所示的各种载荷，这些载荷不可能同时作用于金属结构，在对金属结构进行计算时会涉及载荷之间的组合，即载荷组合。计算时首先需要对载荷进行分类，采用许用应力法设计计算时，载荷组合又是确定安全系数的基础。根据起重机的工作环境、工作状况，考虑最不利作用的情况进行载荷之间的组合。本书采用许用应力法的理论进行计算，此时载荷组合有三种形式：

（1）载荷组合Ⅰ。只考虑基本载荷的载荷组合。该组合用于计算分析结构的疲劳强度，是起重机在正常工作状态时承受的载荷，包括起升重物载荷、水平惯性载荷等，并考虑相应的冲击载荷系数与起升动载系数。

（2）载荷组合Ⅱ。在Ⅰ的基础上增加附加载荷作用，包括风载和偏斜运行载荷。该组合用于结构的“3S”（strength、stiffness、stability）计算。在计算垂直刚度时不考虑动力冲击系数，不考虑水平方向的惯性载荷。

（3）载荷组合Ⅲ。考虑三种载荷同时作用于金属结构，包括特殊载荷。该组合需对结构的强度、弹性稳定性和整体抗倾覆稳定性进行验算。特殊载荷包括：

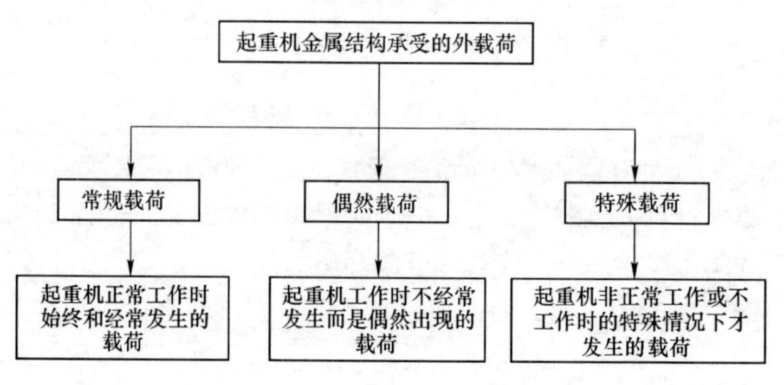

图 2-3 起重机金属结构载荷分类

1）静态试验载荷：包括额定起升载荷以及自重载荷，其中前者应该加上系数1.25，后者不考虑冲击载荷系数的影响；

2）动态试验载荷：包括水平方向的载荷、起升载荷以及自重载荷，其中起升载荷要加上系数1.1，而自重载荷必须考虑冲击载荷系数的影响。

大量的实例表明，风载荷与回转平面成90°作用时，臂架此时的载荷对于其稳定性与强度都是非常不理想的。因此在设计分析时，只需考虑此种情形下的风载荷，而且风载荷可看做是均布载荷。

2.2 许用应力

2.2.1 基本许用应力

对结构件材料受拉、压和弯曲的许用应力，按不同的载荷组合（组合Ⅰ、组合Ⅱ、组合Ⅲ）规定相应安全系数 n 和基本许用应力 $[\sigma]$。

当 $\frac{\sigma_s}{\sigma_b} < 0.7$ 时，基本许用应力为：

$$[\sigma] = \frac{\sigma_s}{n} \tag{2-1}$$

当 $\frac{\sigma_s}{\sigma_b} \geqslant 0.7$ 时，基本许用应力为：

$$[\sigma] = \frac{0.5\sigma_s + 0.35\sigma_b}{n} \tag{2-2}$$

式中 $[\sigma]$——钢材的基本许用应力，N/mm²；

n——安全系数；

σ_s——钢材的屈服点，N/mm²；

σ_b——钢材的抗拉强度，N/mm²。

2.2.2 剪切和端面承压的许用应力

钢材受剪切和端面承压的许用应力分别为：

$$[\tau] = \frac{[\sigma]}{\sqrt{3}} \tag{2-3}$$

$$[\sigma_{cd}] = 1.5[\sigma] \tag{2-4}$$

式中 $[\tau]$——剪切许用应力，N/mm²；

$[\sigma_{cd}]$——端面承压许用应力，N/mm^2。

载荷组合对应的系数见表 2-1。

表 2-1 载荷组合对应的系数

载荷组合类别	安全系数	拉伸、压缩、弯曲许用应力	剪切许用应力	端面承压许用应力
组合Ⅰ	$n = 1.5$	$[\sigma]_{\mathrm{I}} = \dfrac{\sigma_s}{1.5}$	$[\tau]_{\mathrm{I}} = \dfrac{[\sigma]_{\mathrm{I}}}{\sqrt{3}}$	$[\sigma_{cd}]_{\mathrm{I}} = 1.5[\sigma]_{\mathrm{I}}$
组合Ⅱ	$n = 1.33$	$[\sigma]_{\mathrm{II}} = \dfrac{\sigma_s}{1.33}$	$[\tau]_{\mathrm{II}} = \dfrac{[\sigma]_{\mathrm{II}}}{\sqrt{3}}$	$[\sigma_{cd}]_{\mathrm{II}} = 1.5[\sigma]_{\mathrm{II}}$
组合Ⅲ	$n = 1.15$	$[\sigma]_{\mathrm{III}} = \dfrac{\sigma_s}{1.15}$	$[\tau]_{\mathrm{III}} = \dfrac{[\sigma]_{\mathrm{III}}}{\sqrt{3}}$	$[\sigma_{cd}]_{\mathrm{III}} = 1.5[\sigma]_{\mathrm{III}}$

2.3 主臂计算载荷与载荷系数

履带式起重机通常都是在室外作业的，根据其所处环境、工作状况，对其主臂进行分析时按载荷组合Ⅱ进行计算。

2.3.1 变幅平面

变幅平面内吊臂主臂受力分析见图 2-4。

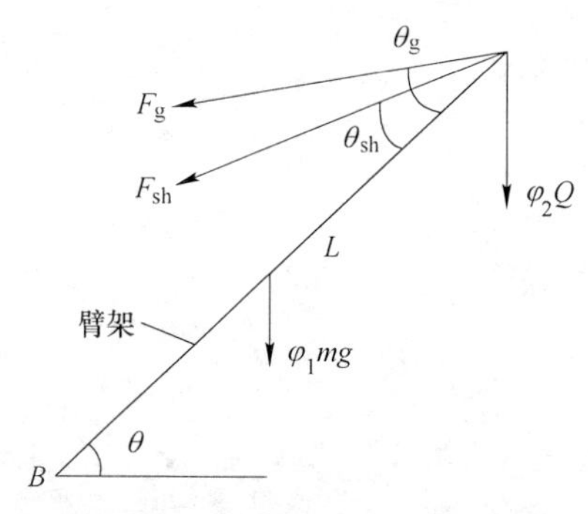

图 2-4 变幅平面内吊臂主臂受力分析

(1) 臂架自重载荷。在设计计算时，不但应该分析臂架结构自身的重量，臂端的加强板、弦杆、斜腹杆和其他附件的重量都要考虑，计算时，把这些附件的重量折算到吊臂中部，它们一起组成了起重机臂架的自重载荷。一般由式(2-5)计算臂架的自重载荷：

$$F_1 = \varphi_1 P_G = \varphi_1 mg \tag{2-5}$$

取起升冲击系数 $\varphi_1 = 1.05$。

（2）起升载荷。从地面起吊重物时，重物都会有一定的惯性力，使得施加在钢丝绳上的载荷大于起升载荷本身，即动力效应。在计算时采用额定起升载荷 Q 乘以起升动载系数 φ_2，该动载系数一般是大于 1 的。通过式（2-6）计算臂架结构的起升动载荷：

$$P_q = \varphi_2 Q \tag{2-6}$$

式中　Q——额定载荷，N。

起升动载系数 φ_2 与多个因素有关，可由式（2-7）计算其值的大小：

$$\varphi_2 = \varphi_{2\min} + \beta_2 v_q \tag{2-7}$$

式中　β_2——按起重机起升状态设定的系数；

$\varphi_{2\min}$——与起升状态级别相对应的最小起升动载系数；

v_q——起重机的稳定（额定）起升速度，m/s。

（3）起升绳拉力。起升绳拉力 S 方向确定在起升卷筒与臂架端点连线上。其计算式为：

$$P_{sh} = \frac{\varphi_2 Q}{m\eta} \tag{2-8}$$

式中　m——起升滑轮组倍率；

η——起升滑轮组效率。

2.3.2　旋转平面

履带式起重机臂架其本身结构在旋转平面是一悬臂梁，主要承受横向载荷，其受力如图 2-5 所示。图中 N 表示变幅平面内轴向力的合力大小；T 表示由货物偏摆及吊臂风载荷和惯性载荷在臂端的侧向集中力；M_L 是同时包含主副臂的臂架，由副臂吊重时副臂的侧向载荷在主臂端部所引起的臂端力矩。

（1）货物偏摆引起的载荷。在起吊重物的过程中，货物产生的载荷通过钢丝绳作用在臂端。钢丝绳是在竖直方向起吊的，但由于风载荷等因素使得重物与铅垂线不重合，存在一个角度 α，由此在吊臂端引起的侧向力 T_h 为：

$$T_h = (Q + G)\tan\alpha$$

或

$$T_h = (0.05 \sim 0.10)(Q + G)$$

由起重机设计规范取 $\alpha = 3° \sim 6°$，在进行结构可靠性的计算研究时，可视为截尾正态分布，对其进行相应的离散处理。

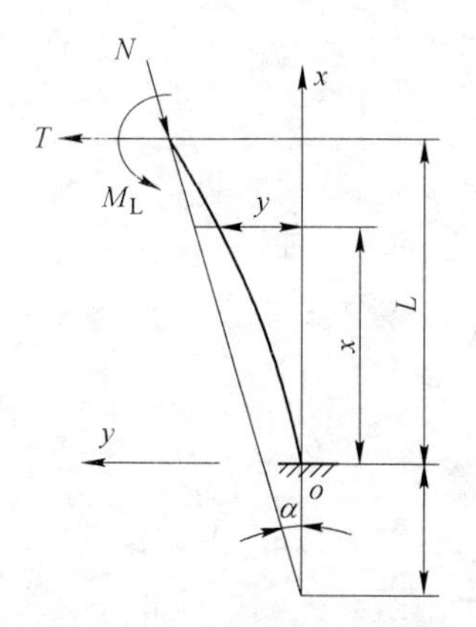

图 2-5　旋转平面吊臂受力图

（2）吊臂惯性载荷。

运行制动惯性力为：

$$P_h = 1.5Qv_b/(60t) \tag{2-9}$$

式中，$t=3\sim10$s；$v_b=0.3\sim0.45$m/s。

回转运动惯性力为：

$$P = 1.5Q\omega^2R \tag{2-10}$$

式中　ω——回转角速度，$\omega=\pi n/30$，rad/s；

n——起重机回转速度，r/min；

R——臂架质量中心至回转中心的水平距离，m。

（3）吊臂风载荷。履带式起重机通常在室外工作，应考虑风载荷的作用。计算风压需根据工作环境确定，这里只计算风压的静力作用，不考虑动力效应。风载荷可分为工作状态风载荷与非工作状态风载荷。工作状态风载荷是起重机在正常使用时承受的最大风力，反之在不工作时承受的最大风力即为非工作状态风载荷。风载荷可由式（2-11）计算：

$$F = C_w p_w A \tag{2-11}$$

式中　C_w——风力系数；

p_w——计算风压，Pa；

A——垂直于风向的迎风面积，m^2。

起重机臂架的迎风面积主要取决于金属结构的类型和几何轮廓。桁架结构在计算迎风面积时需要考虑结构的充实率 w（钢管制成的桁架充实率 $w=0.2\sim0.4$）；对于含两片并列等高的金属结构需要考虑挡风折减系数 η 的影响，它与前排结构

的充实率 w 和两排结构的间隔比 $\frac{a}{h}$ 有关（见图 2-6）。总的迎风面积可通过式（2-12）计算：

$$A = A_1 + \eta A_2 \tag{2-12}$$

式中　A_1——前片结构的迎风面积，$A_1 = w_1 A_{11}$；

　　A_2——后片结构的迎风面积，$A_2 = w_2 A_{12}$。

结构的充实率 w 和挡风折减系数 η 需根据计算选取，结构的轮廓面积 $A_{11} = A_{12} = lh$，在此式中 l 为臂架的长度，h 为臂架的高度，如图 2-6 所示。

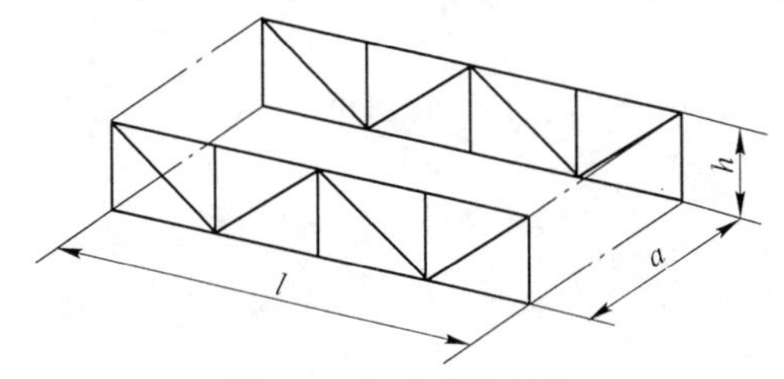

图 2-6　并列桁架结构

在计算风载荷时，涉及参数所包含的系数及参量进行如下处理：风力系数（C_w）、挡风折减系数（η）及结构的充实率（w）都是常数；前、后片结构的迎风面积（A_1、A_2）可对其进行相应的离散处理。

在旋转平面中，吊臂所受的惯性载荷及迎风的风载荷都不是一集中力，以分布载荷的形式存在。为了方便计算，材料力学中提出可将分布载荷转换为集中力进行施加。此处选取惯性载荷和风载荷的 40%作为一合力施加在吊臂端部。

2.3.3 臂架的强度计算

依据梁的分析计算理论，对臂架进行受力分析，计算出臂架截面的轴力 N、弯矩 M_x、M_y 以及剪力 Q，这些力在变幅与回转平面内是不同的，因此需分别计算。其主弦杆的截面应可通过式（2-13）计算：

$$\sigma = \frac{N}{A} + \frac{M_x}{W_x} + \frac{M_y}{W_y} \tag{2-13}$$

式中　A——臂架截面内主弦杆的净截面面积；

　　W_x——抗弯截面系数，下标 x 表示臂架在变幅平面时；

　　W_y——抗弯截面系数，下标 y 表示臂架在回转平面时。

强度条件：

$$\sigma_{max} \leqslant [\sigma]$$

式中　$[\sigma]$——材料的基本许用应力。

当臂架的长细比 $\lambda > 100(85)$（括号中的数值 85 用于 Q345 钢）时[26]，公式（2-13）中基本弯矩 M_x、M_y 要乘以 $1\Big/\left(1-\dfrac{N_1}{N_{cr}}\right)$ 予以放大，N_1 中包含的臂架重量部分为 $\varphi_1 P_b \sin\theta/3$，$N_{cr}$ 为按支承方式不同时臂架对其截面内轴（x 或 y）的欧拉临界载荷，并有：

$$N_{cr} = \frac{\pi^2 EI}{l^2} = \frac{\pi^2 EA}{\lambda^2 h} \tag{2-14}$$

式中　A——臂架主肢毛截面面积之和。

若选取的钢材 $\dfrac{\sigma_s}{\sigma_b} < 0.7$（$\sigma_s$ 为钢材的屈服极限，σ_b 为钢材的抗拉强度）则有：

$$[\sigma] = \frac{\sigma_s}{n} \tag{2-15}$$

若选取的钢材 $\dfrac{\sigma_s}{\sigma_b} \geqslant 0.7$ 则有：

$$[\sigma] = \frac{0.5\sigma_s + 0.35\sigma_b}{n} \tag{2-16}$$

n 为强度安全系数，此系数考虑了结构的重要性、计算产生的误差、材料不匀、制造产生的缺陷及载荷组合的不同等，组合Ⅰ：$n = 1.48$，组合Ⅱ：$n = 1.34$，组合Ⅲ：$n = 1.2$。

2.3.4　刚度计算

一般使用臂架结构的长细比去衡量其刚度。下面首先计算变幅平面内臂架的刚度。

臂架在此平面内可视作简支梁，可通过式（2-17）来计算其计算长度：

$$l_{ox} = \mu_1 \mu_2 l \tag{2-17}$$

式中　μ_1——长度系数，与臂架结构的支承形式有关，由臂架的两端为铰支形式可取 $\mu_1 = 1$；

μ_2——考虑臂架截面变化的影响时其长度系数；

l——臂架的实际长度。

臂架结构对于 x 轴的长细比为：

$$\lambda_x = \frac{l_{ox}}{r_x} \tag{2-18}$$

式中　r_x——在最大截面时臂架的回转半径，并有：

$$r_x \approx \frac{1}{2}h \tag{2-19}$$

考虑臂架腹杆变形的影响时，臂架换算长细比如下计算：

$$\lambda_{hx} = \sqrt{\lambda_x^2 + 40\frac{A}{A_{1x}}} \leqslant [\lambda] \tag{2-20}$$

式中　A——臂架结构主肢弦杆截面毛面积之和；

A_{1x}——臂架与 x 轴成 90°时，所截的两侧之间腹杆截面毛面积总和；

$[\lambda]$——臂架结构的许用长细比，$[\lambda]=150$。

回转平面内臂架的刚度。在此平面内臂架可考虑为悬臂形式，其长细比的长度可通过式（2-21）计算：

$$l_{oy} = \mu_1\mu_2\mu_3 l \tag{2-21}$$

式中　μ_1——长度系数，与臂架结构的支承形式有关；

μ_2——考虑臂架截面变化的影响时其长度系数；

μ_3——与起升或变幅时钢丝绳的作用相关的长度系数。

$$\mu_3 = 1 - \frac{A}{2B} \tag{2-22}$$

μ_3 值不小于 0.5，若计算 $\mu_3 < 0.5$，则取 $\mu_3 = 0.5$。

如图 2-7 所示，A 、B 都是几何长度。

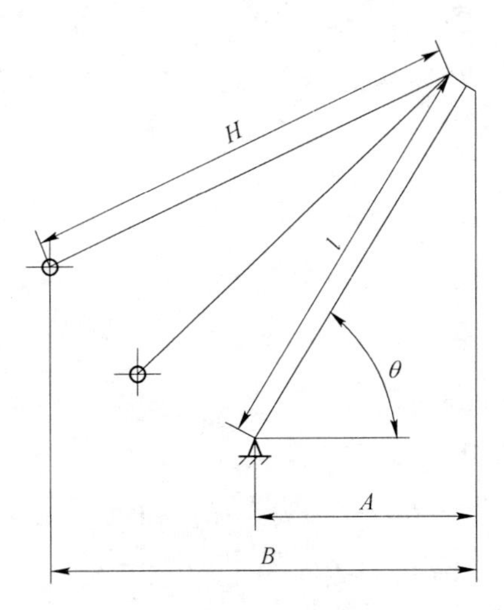

图 2-7　在回转平面内的臂架长度

臂架换算长细比为：

$$\lambda_{hy} = \sqrt{\lambda_y^2 + 40\frac{A}{A_{1y}}} \leqslant [\lambda] \tag{2-23}$$

其中：

$$\lambda_y = \frac{l_{oy}}{r_y} \tag{2-24}$$

式中　r_y——回转半径，$r_y \approx \frac{1}{2}b$，此时臂架处于最大的截面内；

A——臂架结构主弦杆截面的毛面积总和；

A_{1y}——臂架与 y 轴成 90°时所截的两侧之间腹杆截面毛面积总和。

2.3.5　臂架整体的稳定性计算

$$\sigma = \frac{N_1}{A} + \frac{M_x + N_1 f_0}{\left(1 - \frac{N_1}{N_{Ex}}\right) w_x} + \frac{M_y + N_1 f_0}{\left(1 - \frac{N_1}{N_{Ey}}\right) w_y} \leqslant [\sigma] \tag{2-25}$$

式中　N_1——轴向力；

f_0——因制造误差导致的初始变形。

2.4　主臂受力计算

2.4.1　臂架结构强度计算

桁架式吊臂在旋转平面内视作承受纵横弯曲作用的构件，是臂架的最不利计算情况，所以在旋转平面内对其进行验算。旋转平面强度条件为：

$$\sigma = \frac{N}{A} + \frac{M(x)}{W_z\left(1 - \frac{N}{0.9N_{cr}}\right)} \leqslant [\sigma]_{\text{II}} \tag{2-26}$$

式中　N——臂架轴向压力；

A——臂架横截面面积；

W_z——抗弯截面模量；

$M(x)$——由横向力和力矩引起的截面弯矩；

$1 - \frac{N}{0.9N_{cr}}$——弯矩放大系数，采用 $0.9N_{cr}$ 相当于此时的轴向力乘以 1.1；

N_{cr}——吊臂在旋转平面内的临界力，具体计算方法在后面介绍；

$[\sigma]_{\text{II}}$ ——第Ⅱ类载荷组合的许用应力。

截面弯矩 $M(x)$ 的值由放大系数法求得，距离臂架根部 x 处的截面弯矩为：

$$M(x) = T(L - x) + M_{\mathrm{L}} \tag{2-27}$$

臂架结构弯矩最大值所处截面与 N 有关，承受的轴向压力越大，离臂架根部距离越大；反之亦然。危险截面通常选取离臂架根部最近且没有被加强的截面进行计算。

2.4.2 臂架结构刚度计算

臂架的刚度校核在旋转平面内进行，臂端是挠度最大的位置，包括三部分：轴向压力 N、横向力 T 和由副臂引起的力矩 M_{L}。由臂端的最大挠度进行刚度校核，校核公式为：

$$f = \frac{f_{\mathrm{w}}}{1 - \dfrac{N}{0.9N_{\mathrm{cr}}}} \leqslant [f] \tag{2-28}$$

式中 f_{w} ——考虑横向力和力矩引起的臂端挠度，mm，$f_{\mathrm{w}} = \dfrac{TL^3}{3EI_z} + \dfrac{M_{\mathrm{L}}L^2}{2EI_z}$；

$1 - \dfrac{N}{0.9N_{\mathrm{cr}}}$ ——臂端挠度放大系数，与弯矩放大系数相同；

N ——臂架的轴向力，N；

T ——臂架的横向力，N；

$[f]$ ——臂架的许用挠度，mm，依据 GB 3811—2008《起重机设计规范》可知臂架许用挠度 $[f] = \dfrac{0.7L^2}{1000}$。

2.4.3 臂架结构稳定性计算

履带式起重机臂架是承受轴向压缩力和双向弯矩的压弯构件，受压变截面臂架的稳定性校核非常关键。单向偏心受压构件的稳定性校核公式为：

$$\sigma = \frac{N}{\varphi A} + \frac{M_z}{\left(1 - \dfrac{N}{0.9N_{\mathrm{cr}}}\right) W_z} \leqslant [\sigma]_{\text{II}} \tag{2-29}$$

式中 N ——臂架的轴向力，N；

φ ——轴压稳定系数，根据臂架的材料和长细比查表得出；

A ——危险截面的面积，mm^2；

W_z ——危险截面绕 z 轴的抗弯截面模量，mm^3；

N_{cr} ——欧拉临界载荷，N；

M_z ——截面绕 z 轴的弯矩，N · mm。

$$M_z = N(f' - y) + T(L - x) + M_L \tag{2-30}$$

式中 f' ——吊臂倾角一定时的幅度值。

臂架临界力 N_{cr} 由式（2-31）计算：

$$\left.\begin{aligned} N_{cr} &= \eta \frac{\pi^2 EI}{(\mu_1\mu_2\mu_3 L)^2} = \eta \frac{\pi^2 EA}{\lambda^2} = \frac{\pi^2 EA}{\left(\dfrac{\lambda}{\sqrt{\eta}}\right)^2} = \frac{\pi^2 EA}{\lambda_h^2} \\ \lambda_h &= \frac{\mu_1\mu_2\mu_3 L}{\sqrt{\eta}\sqrt{I/A}} = \frac{\lambda}{\sqrt{\eta}} = \sqrt{\lambda^2 + 40\frac{A_0}{A}} \\ \lambda &= \frac{\mu_1\mu_2\mu_3 L}{\sqrt{I/A}} \end{aligned}\right\} \tag{2-31}$$

式中 μ_1——由臂架支承条件决定的长度系数，履带式起重机臂架在旋转平面内为臂根固定、臂端自由，$\mu_1 = 2$；

μ_2——变截面长度系数；

μ_3——由拉臂钢丝线或起升钢丝绳影响的长度系数；

η——臂架临界力折减系数，考虑剪切作用的影响；

λ_h——臂架的换算长细比。

3 区间非概率可靠性研究及工程应用

在现代快速发展的科学技术与对产品质量要求不断提高的情况下，科学工程中出现了一个至关重要的概念——可靠性。而在结构可靠性分析与研究中，我们可以通过三种常用的理论方法来解决不确定性问题，它们分别是：随机理论、区间分析理论以及模糊集合理论。使用模糊集合理论与随机理论解决不确定性问题是有条件限制的，即这些不确定性变量的隶属度及其概率密度函数必须是已知的。在实际中，由于某些结构自身的特点，在分析时缺乏大量的样本数据，而且难以给出准确的概率密度函数与隶属度函数，而只能人为地主观给定，因此，这些主观的因素对分析结果的准确性必然是有影响的。想要使得理论模型能够尽可能准确、客观地描述出实际情况，由人引起的主观因素的干扰必须做到最小化，区间分析理论对于解决具有不确定性的问题恰好展现出了此优点。在大多工程实例中，我们很难得到具有不确定性参数的概率数据信息，更不用说保证其精度了，但却不难得到这些参量的变化范围或其上、下界限。在此基础上，在 1994 年，Ben Haim 第一次提到了以凸集理论为基础的非概率可靠性的相关理论与概念。他表示若不确定参数的波动能够控制在系统所能允许的范围之内，则可认为系统是安全可靠的，并于 1995 年进一步提出了一种可靠性的度量，即系统所能容许的不定性的最大限度，该可靠性也就是系统对于不确定性的鲁棒性度量。

3.1 区间的数学基础

3.1.1 区间的概念

在实数集 R 中，有界闭区间一般可如下表示：

$$Y^I = [y^l, y^u] = \{y \in R \mid y^l \leqslant y \leqslant y^u\} \tag{3-1}$$

式中，y^l 、$y^u \in R$ ，y^l 为不确定变量 y 的下界，y^u 为不确定变量的上界，且 $y^l \leqslant y^u$ ，Y^I 为有界的闭区间，而且 $Y^I \in I(R)$ ，$I(R)$ 是实数区间集。若 $y^l > 0$，则区间集合可记为 $I(R)^+$（正区间集合），若 $y^u<0$，则区间集合可记为 $I(R)^-$（负区间集合）。

在数学的基础上，想要使其运算更方便，对于有界闭区间 Y^I ，可将其视为一个数，并称之是区间数，所以相应地也就有相关的区间数运算。为了便于计算，在实际的运算中，Y^I 往往同时被赋予了区间数与集合两种角色，两者可以相互转化。在区间运算中，通常它被看作为区间数，运算比较方便也容易理解。

3.1.2 区间的运算法则

假设基本四则运算符号 $\{+, -, \times, \div\}$ 可用 $*$ 来表示，那么对任意 $[x]$，$[y] \in I(R)$，区间数的两变量的运算规则将表示为：

$$[x] * [y] = \{z \mid z = x * y,\ x \in [x],\ y \in [y]\} \tag{3-2}$$

则有下列四则运算法则：

$$[x] + [y] = [x^l + y^l,\ x^u + y^u] \tag{3-3}$$

$$[x] - [y] = [x^l - y^u,\ x^u - y^l] \tag{3-4}$$

$$[x] \times [y] = [\min(x^l y^l,\ x^l y^u,\ x^u y^l,\ x^u y^u),\ \max(x^l y^l,\ x^l y^u,\ x^u y^l,\ x^u y^u)] \tag{3-5}$$

$$[x]/[y] = [x^l,\ x^u] \times [1/y^u,\ 1/y^l] \quad (0 \notin [y]) \tag{3-6}$$

3.2 非概率可靠性概念

3.2.1 初始定义

设向量 $x = (x_1, x_2, \cdots, x_n)$ 为与产品结构相关的基本区间变量集合，式中 $x_i \in X_i (i = 1, 2, \cdots, n)$。取 $M = g(x) = g(x_1, x_2, \cdots, x_n)$ 为结构的功能函数，该功能函数是由失效准则来确定的。由区间变量的相关性质及其运算的规则可判断，其功能函数从本质上讲也是一个区间变量。

设其均值用 M^c 表示，离差用 M^r 表示，定义一无量纲量 η [30,31] 作为结构非概率可靠度：

$$\eta = M^c / M^r \tag{3-7}$$

由结构的常规可靠性理论[30]可知，超曲面 $M = g(x) = 0$ 表示的是失效面。结构的基本参变量空间被它分成了两部分：失效域与安全域，如图 3-1 所示。当 $M = g(x) < 0$ 时，表示结构是失效的；当 $M = g(x) > 0$ 时，表示结构是安全的。

由 η 的表达式可知，只要 $\eta > 0$，对于任意 $x_i \in X_i (i = 1, 2, \cdots, n)$ 均有 $g(x) > 0$，结构可靠安全，此时结构的状态域不相交于失效域。当 $\eta < -1$ 时，对于任意 $x_i \in X_i (i = 1, 2, \cdots, n)$ 均有 $g(x) < 0$，结构的状态域包含在失效域内，结构必然是失效的。而当 $-1 \leqslant \eta \leqslant 1$ 时，$g(x) < 0$ 和 $g(x) > 0$ 均有可能。由 η 的定义式可知，计算出的 η 值越大，结构越安全可靠。

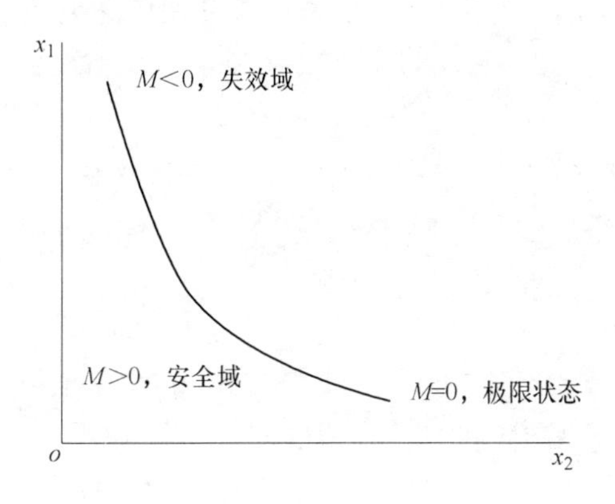

图 3-1 结构工作所处的状态

3.2.2 扩展定义

对于任意一个功能函数 $M = g(x_1, x_2, \cdots, x_n)$，只要其是连续的，就可基于区间分析理论定义其可靠性指标的非概率形式为：

$$\eta = \min(\|\delta\|_\infty) \tag{3-8}$$

满足条件：

$$M = g(x_1, x_2, \cdots, x_n) = G(\delta_1, \delta_2, \cdots, \delta_n) \tag{3-9}$$

其中，$\delta = \{\delta_1, \delta_2, \cdots, \delta_n\}$ 为标准化区间变量向量。$\|\delta\|_\infty = \max(|\delta_1|, |\delta_2|, \cdots, |\delta_n|)$。

式（3-8）所定义的 η 是非概率可靠度，也称此式为其扩展的定义，即指的是在基准化区间参数的延拓空间里，原点到失效临界时的模量（即 $\|\delta\|_\infty$）定义为可靠性指标的非概率表达形式。根据相关泛函数的分析理论可得出如下结论：$\delta = \{\delta_1, \delta_2, \delta_3, \delta_4\} \in C_\delta = \{\delta \mid |\delta_i| \leqslant 1, i = 1, 2, \cdots, n\}$，$C_\delta \subset C_\delta^\infty = \{\delta \mid \delta_i \in (-\infty, +\infty), i = 1, 2, \cdots, n\}$。此式中 C_δ 是由 δ 拓展的凸集区域，C_δ^∞ 表示的是 δ 的拓展空间。由式（3-8）定义出的非概率可靠性的定义 η 表示的是在基准化区间参数的延拓空间里，原点到失效临界时的模量（$\|\cdot\|_\infty$）。向量 $\delta = \{\delta_1, \delta_2, \cdots, \delta_n\}$ 的无穷范数为 $\|\delta\|_\infty = \max(|\delta_1|, |\delta_2|, \cdots, |\delta_n|)$，2 范数为 $\|\delta\|_2 = \sqrt{\sum_{i=1}^{n} \delta_i^2}$，由泛函数理论可分析出二者不仅是等价的而且有如下关系：

$$\|\delta\|_2 = \sqrt{n}\ \|\delta\|_\infty \tag{3-10}$$

由于式（3-10）是恒成立的，所以对此式两端作最小化处理，等式的性质不变依旧恒成立，则可得到向量 δ 的 2 范数与结构的非概率可靠性指标存在的不等关系如下：

$$\min\left\{\frac{1}{\sqrt{n}}\ \|\delta\|_2\right\} \leqslant \eta = \min\{\ \|\delta\|_\infty\} = \min\{\max\{|\delta_1|,\ |\delta_2|,\ \cdots,\ |\delta_n|\}\} \tag{3-11}$$

又由泛函数的理论分析可得，只有向量 δ 的各个分量同时满足 $|\delta_1| = |\delta_2 = \cdots = |\delta_n||$ 时，式（3-11）才是成立的，因此满足式（3-8）的向量 δ 必然要满足如下的关系式：

$$\begin{cases} g(\delta_1,\ \delta_2,\ \cdots,\ \delta_n) = 0 \\ |\delta_1| = |\delta_2| = \cdots = |\delta_n| \end{cases} \tag{3-12}$$

由式（3-8）定义的可靠性指标的非概率表达形式是在基准化区间参数的延拓空间里，原点到失效临界时的模量（即 $\|\delta\|_\infty$）。从几何上讲，当 $0 < \eta < 1$ 时，结构是否失效没有明确的说法，但在理论上认为是不安全的。若 $\eta = 1$，则其失效域外切于凸集合 C_δ，此时该结构为安全和不安全的“临界”点。若 $\eta > 1$，其失效面不相交于区间参数所处集合，即结构是安全的。η 的取值越大时，其失效域与凸集合 C_δ 之间的距离就越“大”，结构就越不容易限制到其不确定参量的波动幅度，结构对参变量就有较好的稳健性。非概率可靠性指标 η 的含义见表 3-1。

表 3-1　非概率可靠性指标 η 的含义

η 的值	含　义
$0 < \eta < 1$	结构失效与不失效是不明确的，但理论上认为是不安全的
$\eta = 1$	失效面相切于基本区间参数所处集合，此时结构为安全与不安全的“临界”状态
$\eta > 1$	失效面不相交于区间参数所处集合，结构是安全的

3.2.3　区间满意度的定义

机械结构以及其零部件所对应的各种不同的工作状态都可由机械结构功能函数完全表示。但是，因为不确定因素的干扰，机械结构的强度与应力均为具有离散性的数值，换句话说它们各自变化于自己的区间范围之内，因此结构的强度与其应力之间的大小关系将由原来的数值的大小关系转化为各自区间的大小关系，依据区间满意度定义我们可以依据它们相互的满意度来度量这种关系。因此机械结构可靠性指标的非概率形式可以定义为：结构的强度区间 R^{I} 大于或者等于其应力区间 S^{I} 时的满意程度。如果用 η 来表示这种区间非概率可靠性的指标，则有：

$$\eta = \mathrm{Sat}(R^{\mathrm{I}} \geqslant S^{\mathrm{I}}) = \max\left\{0,\ \min\left\{1,\ \frac{\overline{R} - \underline{S}}{\omega(R^{\mathrm{I}}) + \omega(S^{\mathrm{I}})}\right\}\right\} \tag{3-13}$$

式中 $\overline{R}$ ——强度区间 R^{I} 的上界；

$\underline{S}$ ——应力区间 S^{I} 的下界；

$\omega(R^{\mathrm{I}})$ ——强度区间 R^{I} 的宽度；

$\omega(S^{\mathrm{I}})$ ——应力区间 S^{I} 的宽度。

上式可转化为：

$$\eta = \mathrm{Sat}(R^{\mathrm{I}} \geqslant S^{\mathrm{I}}) = \begin{cases} 1 & \overline{R} \geqslant \underline{S} \\ \dfrac{\overline{R} - \underline{S}}{\omega(R^{\mathrm{I}}) + \omega(S^{\mathrm{I}})} & R^{\mathrm{I}} \cap S^{\mathrm{I}} \neq \varnothing \\ 0 & \overline{R} \leqslant \underline{S} \end{cases} \tag{3-14}$$

从区间满意度定义可知，η 的取值范围是 $[0,\ 1]$。当 $\eta = 1$ 时，表示的是结构强度区间 R^{I} 完全大于其应力区间 S^{I}，结构为绝对安全状态；当 $\eta = 0$ 时，表示的是结构强度区间 R^{I} 完全小于其应力区间 S^{I}，结构为绝对失效状态；当 $0<\eta<1$ 时，表示的是结构强度区间 R^{I} 与其应力区间 S^{I} 发生了相互干涉的情况，此时结构从安全状态过渡到失效状态。η 值越靠近 1，则结构越安全；η 值越靠近 0，则结构失效程度越高。

综上所述，已知结构强度区间 R^{I} 与其应力区间 S^{I} 时，就可通过式（3-13）和式（3-14）求解出具有不确定性的机械结构区间非概率满意度的可靠性指标 η，即

$$\eta = \mathrm{Sat}(R^{\mathrm{I}} \geqslant S^{\mathrm{I}}) = \max\left\{0,\ \min\left\{1,\ \frac{R^{\mathrm{c}} + R^{\mathrm{r}} - S^{\mathrm{c}} + S^{\mathrm{r}}}{2(R^{\mathrm{r}} + S^{\mathrm{r}})}\right\}\right\}$$

$$= \begin{cases} 1 & R^{\mathrm{c}} - R^{\mathrm{r}} \geqslant S^{\mathrm{c}} + S^{\mathrm{r}} \\ \dfrac{R^{\mathrm{c}} + R^{\mathrm{r}} - S^{\mathrm{c}} + S^{\mathrm{r}}}{2(R^{\mathrm{r}} + S^{\mathrm{r}})} & R^{\mathrm{I}} \cap S^{\mathrm{I}} \neq \varnothing \\ 0 & R^{\mathrm{c}} + R^{\mathrm{r}} < S^{\mathrm{c}} - S^{\mathrm{r}} \end{cases} \tag{3-15}$$

可由图 3-2 所示的流程来计算结构的基于区间分析的非概率可靠性满意度的指标。

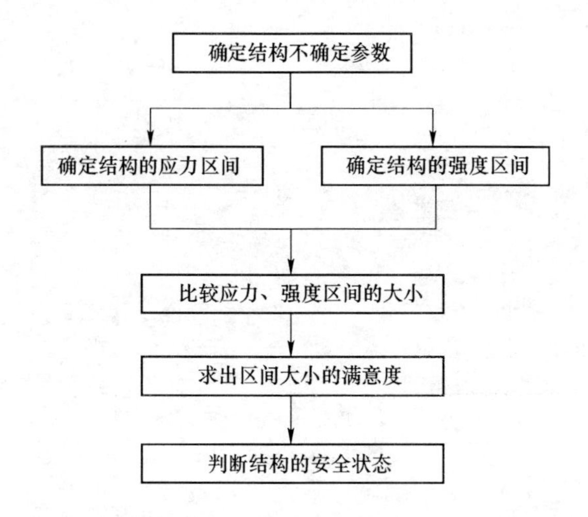

图 3-2　结构非概率可靠性满意度指标计算流程图

3.3　履带式起重机臂架结构非概率可靠性分析

3.3.1　臂架整体的稳定性非概率可靠度计算

3.3.1.1　臂架整体的稳定性的应力法

应力法不仅方便实用而且可以完美地为实际工程服务。将副臂顶部所受的力平行移到主臂顶部，还要增加一个力偶 M_L，由于副臂长度较小，可将其二阶弯矩及扭矩不做考虑。用放大系数法求截面弯矩，由图 3-3 和图 3-4 可知，吊臂任一截面的弯矩为：

$$M_x = (P_1 + Q)(\Delta_1 - z) + (s_1 + s_2)(l_1 - x) + M_L \tag{3-16}$$

其中

$$M_L = s_2 l_2 \sin\theta_2 \tag{3-17}$$

令

$$M_w(x) = (s_1 + s_2)(l_1 - x) + M_L \tag{3-18}$$

则

$$M_x = (P_1 + Q)(\Delta_1 - z) + M_w(x) \tag{3-19}$$

式中　$M_w(x)$ ——横向力及力矩所引起的弯矩，N · m；

Q ——起升重量，N；

θ_2 ——杆 2 与水平面的夹角，rad。

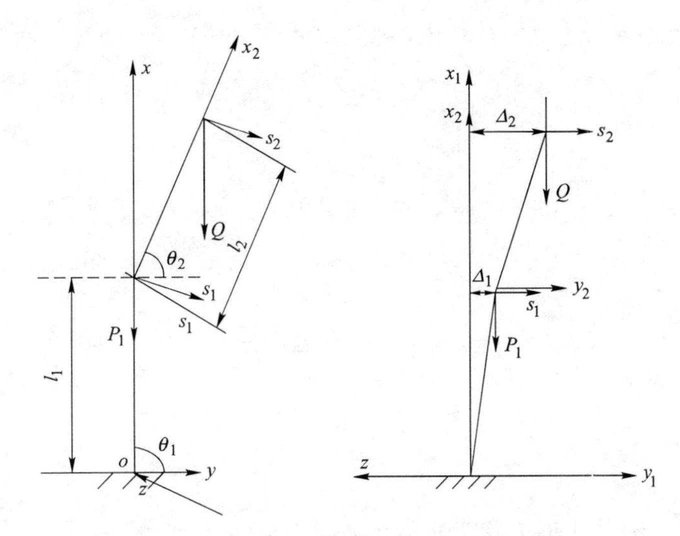

图 3-3 横向力与竖向力作用下的载荷模型

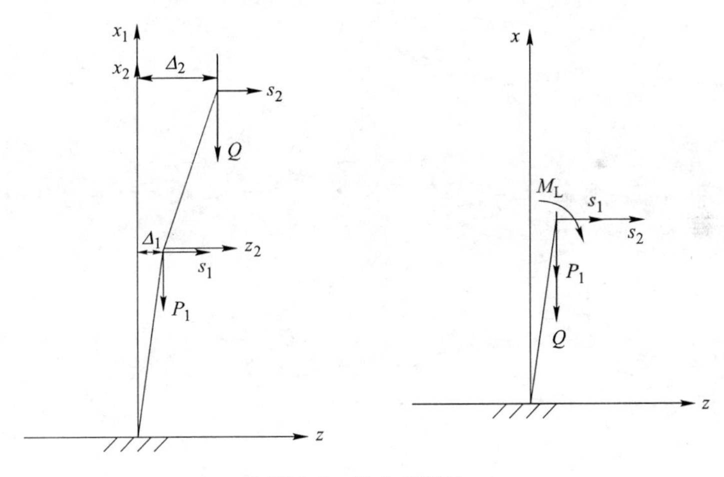

图 3-4 放大系数法

设吊臂的挠曲方程为:

$$z = \Delta_1\left(1 - \cos\frac{\pi x}{2l_1}\right) \tag{3-20}$$

边界条件为 $x = 0$ 时, $z' = \frac{\mathrm{d}z}{\mathrm{d}x} = 0$; $x = l_1$ 时, $z = \Delta_1$。

又知:

$$\frac{\mathrm{d}^2 z}{\mathrm{d}x^2} = \frac{M(x)}{EI} \tag{3-21}$$

对 x 求二阶导数得:

$$\Delta_1 = \frac{M(x)}{EI} \times \frac{4L^2}{\pi^2 \cos \frac{\pi x}{2l}} \tag{3-22}$$

可得:

$$M(x) = \frac{M_w(x)}{1 - \frac{P_1 + Q}{N_{cr}}} \tag{3-23}$$

$$N_{cr} = \frac{\pi^2 EI}{(\mu l)^2} \tag{3-24}$$

式中 N_{cr}——旋转平面吊臂的临界应力;

I——结构惯矩;

μ——折算长度系数。

$\dfrac{1}{1 - \frac{P_1 + Q}{N_{cr}}}$ 为弯矩放大系数。

考虑构件存在初始缺陷或安全因数等多个因素的影响,可得出其稳定性校核的公式:

$$\sigma_{max} = \frac{P_1 + Q}{\varphi A} + \frac{M_x}{\left(1 - \frac{P_1 + Q}{N_{cr}}\right) W_x} \leqslant [\sigma] \tag{3-25}$$

式中 $[\sigma]$——许用应力;

φ——轴心受压稳定系数;

A——臂架截面面积;

W_x——臂架截面的抗弯模量。

3.3.1.2 臂架结构计算中的区间变量及其运算

由于客观与人为因素的影响,在臂架的设计与计算中,额定起升载荷 Q_0、起升冲击系数 φ_1 及起升载荷的偏摆角度 ϕ 实际上都不是确定的量,但可以确定这些不确定量的变异上、下界,因此可用区间表示这些量,即 $Q_0 \in [Q_0^l, Q_0^u]$、$\phi \in [\phi^l, \phi^u]$、$\varphi_1 \in [\varphi_1^l, \varphi_1^u]$(其中 Q_0^l、ϕ^l、φ_1^l 是不确定量的区间下界,Q_0^u、ϕ^u、φ_1^u 是不确定量的区间上界)。令 $Q_0^c = \dfrac{Q_0^l + Q_0^u}{2}$、$Q_0^r = \dfrac{Q_0^u - Q_0^l}{2}$,$Q_0^c$ 称作是其均

值（即区间的中点），Q_0^r 称作是其离差（即区间的半径）。同理可求出起升冲击系数与起升载荷的偏摆角度的均值与离差 ϕ^c 、ϕ^r 、φ_1^c、φ_1^r，则可表示这些区间变量如下：

$$\begin{cases} Q_0 = Q_0^c + Q_0^r \delta_Q \\ \phi = \phi^c + \phi^r \delta_\phi \\ \varphi_1 = \varphi_1^c + \varphi_1^r \delta_\varphi \end{cases} \tag{3-26}$$

对于上节所述的臂架结构载荷用标准的区间变量可表示为：

$$\begin{cases} Q^c = \dfrac{Q^u + Q^l}{2} \\ Q^r = \dfrac{Q^u - Q^l}{2} \end{cases} \tag{3-27}$$

$$\begin{cases} P_1^c = \dfrac{P_1^u + P_1^l}{2} \\ P_1^r = \dfrac{P_1^u - P_1^l}{2} \end{cases} \tag{3-28}$$

$$\begin{cases} s_1^c = \dfrac{s_1^u + s_1^l}{2} \\ s_1^r = \dfrac{s_1^u + s_1^l}{2} \end{cases} \tag{3-29}$$

$$\begin{cases} s_2^c = \dfrac{s_2^u + s_2^l}{2} \\ s_2^r = \dfrac{s_2^u - s_2^l}{2} \end{cases} \tag{3-30}$$

$$\begin{cases} P_1 = P_1^c + P_1^r \delta_1 \\ Q = Q^c + Q^r \delta_2 \\ s_1 = s_1^c + s_1^r \delta_3 \\ s_2 = s_2^c + s_2^r \delta_4 \end{cases} \tag{3-31}$$

式中　δ_1，δ_2，δ_3，δ_4——相对应变量的标准化的区间变量值[35~37]。

以几何的角度来看，区间变量就是活动在一个位于多维的空间里的多面体中。当只有两个参变量时，此时该凸域为二维的区域（即长方形）。当存在三个参变量时，此时该凸域为三维的（即箱体）。此定义也可延伸到更普遍的情形，若存在 N 个参变量时，此时该凸域为 N 维的（即多面体）。

3.3.2　臂架整体的稳定性非概率可靠度计算准则

以 P_1、Q、s_1、s_2 作为不确定的参数，得：

$$M_{\mathrm{L}} = (s_2^{\mathrm{c}} + s_2^{\mathrm{r}}\delta_4) l_2 \sin\theta_2 \tag{3-32}$$

将式（3-31）、式（3-32）代入式（3-16）得：

$$\begin{aligned}M_x = & [(P_1^{\mathrm{c}} + P_1^{\mathrm{r}}\delta_1) + (Q^{\mathrm{c}} + Q^{\mathrm{r}}\delta_2)](\Delta_1 - z) + [(s_1^{\mathrm{c}} + s_1^{\mathrm{r}}\delta_3) + \\ & (s_2^{\mathrm{c}} + s_2^{\mathrm{r}}\delta_4)](l_1 - x) + (s_2^{\mathrm{c}} + s_2^{\mathrm{r}}\delta_4) l_2 \sin\theta_2\end{aligned} \tag{3-33}$$

由失效准则可得到其功能函数的表达式为：

$$\begin{aligned}Y &= (P_1, Q, s_1, s_2) \\ &= [\sigma] - \frac{P_1 + Q}{\varphi A} - \frac{M_x}{\left(1 - \dfrac{P_1 + Q}{N_{\mathrm{cr}}}\right) W_x}\end{aligned} \tag{3-34}$$

此功能函数体现的是臂架结构的稳定性状态。超曲面 $Y = (P_1, Q, s_1, s_2) = 0$ 称作失效面，它把结构分析计算中基本参变量空间分成了失效域 $\Omega_{\mathrm{f}} = \{Y: Y < 0\}$ 与安全域 $\Omega_{\mathrm{s}} = \{Y: Y > 0\}$ 两块区域，位于这两个区域中的参数各代表的是结构的失效或者安全的状态。若函数 $Y = (P_1, Q, s_1, s_2)$ 连续时，由凸集合的相关理论及性质得出，Y 也是具有区间特性的变量。

于是：

$$\begin{aligned}Y = & [\sigma] - \frac{P_1^{\mathrm{c}} + P_1^{\mathrm{r}}\delta_1 + Q^{\mathrm{c}} + Q^{\mathrm{r}}\delta_2}{\varphi A} - \left(\frac{1}{1 - \dfrac{P_1^{\mathrm{c}} + P_1^{\mathrm{r}}\delta_1 + Q^{\mathrm{c}} + Q^{\mathrm{r}}\delta_2}{N_{\mathrm{cr}}}}\right) \times \\ & \left[\frac{(P_1^{\mathrm{c}} + P_1^{\mathrm{r}}\delta_1 + Q^{\mathrm{c}} + Q^{\mathrm{r}}\delta_2)(\Delta_1 - z) + (s_1^{\mathrm{c}} + s_1^{\mathrm{r}}\delta_3 + s_2^{\mathrm{c}} + s_2^{\mathrm{r}}\delta_4)(l_1 - x) + (s_2^{\mathrm{c}} + s_2^{\mathrm{r}}\delta_4) l_2 \sin\theta_2}{W_x}\right]\end{aligned} \tag{3-35}$$

由非概率可靠性的扩展定义式，臂架结构整体的稳定性非概率可靠性的指标将定义为：

$$\eta_1 = \min(\|\boldsymbol{\delta}\|_\infty) \tag{3-36}$$

其中：$\|\boldsymbol{\delta}\|_{\infty}=\max\{|\delta_1|, |\delta_2|, |\delta_3|, |\delta_4|\}$，式中的 $\delta=\{\delta_1, \delta_2, \delta_3, \delta_4\}$ 是由标准区间参数构成的向量的表达形式。η_1 是臂架整体的稳定性非概率可靠度，它指的是在基准化区间参数的延拓空间里，原点到失效临界时的模量。

向量 $\boldsymbol{\delta}$ 必然会满足下面的关系式：

$$\begin{cases} g(\delta_1, \delta_2, \delta_3, \delta_4)=0 \\ |\delta_1|=|\delta_2|=|\delta_3|=|\delta_4| \end{cases} \tag{3-37}$$

以几何的角度来看，当 $0<\eta<1$ 时，结构是否失效没有明确的结论，一般在理论上认为是不安全的。若 $\eta=1$，则其失效域外切于凸集合 C_δ，此时该结构为安全和不安全的“临界”点。若 $\eta>1$，其失效面不相交于区间参数所处集合，即结构是安全的。η 的取值越大时，其失效域与凸集合 C_δ 之间的距离就越“大”，结构就越不容易限制到其不确定参量的波动幅度，结构对参变量就有较好的鲁棒性。

因为在 $Y=g(Q, P_1, s_1, s_2)$ 中这些自变量多次出现在功能函数中，参变量个数的增多与区间计算次数的增大都会拓宽功能函数区间的变化范围。这种拓宽必须得到抑制，若函数的表达形式比较繁琐但是可以得到区间参数的单调性时，基于区间分析的可靠性指标的非概率形式 η_1 的求解计算将利用转化法来解出。具体步骤如下：

(1) 将基本区间的参数进行标准化转换，并且标准化功能函数的极限状态方程，其标准形式为：

$$Y=g(Q, P_1, s_1, s_2)=G(\delta_1, \delta_2, \delta_3, \delta_4)=0$$

(2) 将极限状态方程 $Y=g(Q, P_1, s_1, s_2)$ 对各基本区间变量求偏导数，有 $\frac{\partial Y}{\partial Q}<0$、$\frac{\partial Y}{\partial P_1}<0$、$\frac{\partial Y}{\partial s_1}<0$、$\frac{\partial Y}{\partial s_2}<0$，则有 $\delta_1=\delta$、$\delta_2=\delta$、$\delta_3=\delta$、$\delta_4=\delta$。

(3) 由式 (3-12) 所得的结论，将 $\delta_1=\delta_2=\delta_3=\delta_4$ 代入到式 (3-20) 并令 $Y=0$。由此，可转化其功能函数为只含有 δ 的一个未知数的方程。

(4) 求解此只含有 δ 一个未知数的方程，便可得到可靠性的非概率指标 [式 (3-21)]。

3.3.3 臂架的强度非概率可靠度计算

根据臂架的强度失效准则，把 P_1、Q、s_1、s_2 看作不确定参变量，可得到距离臂架根部 x 米处臂架结构的强度可靠度的非概率功能函数为：

$$U=(P_1, Q, s_1, s_2)$$
$$=[\sigma]-\frac{P_1+Q}{\varphi A}-\frac{(s_1+s_2)(l_1-x)+M_L}{\left(1-\frac{P_1+Q}{N_{cr}}\right)W_x}$$
$$=[\sigma]-\frac{P_1+Q}{\varphi A}-\frac{(s_1+s_2)(l_1-x)+s_2l_2\sin\theta_2}{\left(1-\frac{P_1+Q}{N_{cr}}\right)W_x} \tag{3-38}$$

得:

$$U=[\sigma]-\frac{P_1^c+P_1^r\delta_1+Q^c+Q^r\delta_2}{\varphi A}-\left(\frac{1}{1-\frac{P_1^c+P_1^r\delta_1+Q^c+Q^r\delta_2}{N_{cr}}}\right)\times$$
$$=\left[\frac{(s_1^c+s_1^r\delta_3+s_2^c+s_2^r\delta_4)(l_1-x)+(s_2^c+s_2^r\delta_4)l_2\sin\theta_2}{W_x}\right] \tag{3-39}$$

由非概率可靠性的扩展定义式，臂架结构强度非概率可靠性的指标将定义为:

$$\eta_2=\min(\|\boldsymbol{\delta}\|_\infty) \tag{3-40}$$

其中：$\|\boldsymbol{\delta}\|_\infty=\max\{|\delta_1|, |\delta_2|, |\delta_3|, |\delta_4|\}$，式中的$\delta=\{\delta_1, \delta_2, \delta_3, \delta_4\}$是由标准区间参数构成的向量的表达形式。$\eta_2$是臂架$x$截面强度的非概率可靠度，它指的是在基准化区间参数的延拓空间里，原点到失效临界时的模量。

同理，因在$U=g(Q, P_1, s_1, s_2)$中这些自变量多次出现在功能函数中，可通过转化法求解基于区间分析的可靠性指标的非概率形式η_2。此时，有$\frac{\partial U}{\partial Q}<0$、$\frac{\partial U}{\partial P_1}<0$、$\frac{\partial U}{\partial s_1}<0$、$\frac{\partial U}{\partial s_2}<0$，则有$\delta_1=\delta$、$\delta_2=\delta$、$\delta_3=\delta$、$\delta_4=\delta$。从而，可将其功能函数转换为只有$\delta$一个未知数的方程，求解此只含有$\delta$一个未知数的方程，便可得臂架距离根部$x$米截面的强度可靠性指标的非概率形式。

3.3.4　臂架的刚度非概率可靠度计算

刚度计算可分为变幅平面与旋转平面两种工况。对于臂架的变幅平面，可将其看作是端部为简支约束、中部承受压力的结构件来分析计算；对于臂架的旋转平面，可将其视作臂根为固定约束、臂端不受约束且在横向与纵向都承受弯矩的结构件来分析研究。一般臂架的危险工况为后者，因此对刚度计算只需按照后者工况进行验算。

在旋转平面内，距离主臂架根部 x 米处其挠度为 f_w：

$$f_w = \frac{(s_1 + s_2)x^2}{6EI}(3l_1 - x) + \frac{M_L x^2}{2EI} \tag{3-41}$$

使用放大系数的方法可计算得到臂架的挠度 f 为：

$$\begin{aligned} f &= \frac{f_w}{1 - \dfrac{P_1 + Q}{N_{cr}}} \\ &= \left(\frac{1}{1 - \dfrac{P_1 + Q}{N_{cr}}}\right)\left[\frac{(s_1 + s_2)x^2}{6EI}(3l_1 - x) + \frac{s_2 l_2 \sin\theta_2 x^2}{2EI}\right] \end{aligned} \tag{3-42}$$

依据《起重机设计规范》（GB 3811—2008），履带式起重机臂架结构的许用挠度可如下来确定：在变幅平面内其挠度为 $[f_1] = \frac{L^2}{1000}$（m），回转平面内其挠度为 $[f_2] = \frac{0.7L^2}{1000}$（m），$L$ 是臂架长度，使用放大系数法计算臂架结构的刚度非概率可靠度，得出其臂架的刚度可靠性的非概率功能函数为：

$$F = [f_2] - f \tag{3-43}$$

根据臂架的刚度失效准则，把 P_1、Q、s_1、s_2 看作不确定参数，得臂架的刚度非概率可靠度的功能函数为：

$$\begin{aligned} F = [f_2] - &\left(\frac{1}{1 - \dfrac{P_1^c + P_1^r\delta_1 + Q^c + Q^r\delta_2}{N_{cr}}}\right) \\ &\left[\frac{(s_1^c + s_1^r\delta_3 + s_2^c + s_2^r\delta_4)x^2}{6EI}(3l_1 - x) + \frac{(s_2^c + s_2^r\delta_4)l_2\sin\theta_2 x^2}{2EI}\right] \end{aligned} \tag{3-44}$$

根据非概率可靠性的扩展定义式，臂架结构刚度非概率可靠性的指标将定义为：

$$\eta_3 = \min(\|\boldsymbol{\delta}\|_\infty) \tag{3-45}$$

其中：$\|\boldsymbol{\delta}\|_\infty = \max\{|\delta_1|, |\delta_2|, |\delta_3|, |\delta_4|\}$，式中的 $\delta = \{\delta_1, \delta_2, \delta_3, \delta_4\}$ 是

由标准区间参数构成的向量的表达形式。η_3 是臂架刚度的非概率可靠度，它指的是在基准化区间参数的延拓空间里，原点到失效临界时的模量。

同理，因在 $F = g(Q, P_1, s_1, s_2)$ 中这些自变量多次出现在功能函数中，可通过转化法给出基于区间分析的臂架刚度可靠性指标的非概率形式 η_3。此时，有 $\frac{\partial F}{\partial Q} < 0$、$\frac{\partial F}{\partial P_1} < 0$、$\frac{\partial F}{\partial s_1} < 0$、$\frac{\partial F}{\partial s_2} < 0$，则有 $\delta_1 = \delta$、$\delta_2 = \delta$、$\delta_3 = \delta$、$\delta_4 = \delta$。由式（3-12）所得的结论，可将其功能函数转换为只含有 δ 一个未知数的方程，求解此只含有 δ 一个未知数的方程，便可得到臂架刚度可靠性指标的非概率形式。

3.3.5 工程算例一

某 35t 具有主、副臂架结构的履带式起重机，幅度 $R = 3.5\text{m}$，吊重为 50kN 时，此工况为臂架受力最危险的工况。臂架材料为低合金钢 Q345，抗拉强度 $\sigma_b = 530\text{MPa}$，屈服极限 $\sigma_s = 345\text{MPa}$，在进行臂架的非概率可靠性计算时，取起升载荷 $Q \in [44.5, 5.5]$，横向载荷 $s_1 \in [4.8, 7.2]$，$s_2 \in [15.8, 20.2]$，竖向载荷 $P_1 \in [8.8, 11.2]$。主臂长 $l_1 = 12\text{m}$，副臂长 $l_2 = 4\text{m}$，主臂倾角 $\theta_1 = 87.5°$，副臂倾角 $\theta_2 = 75°$。主臂的截面参数见表 3-2。

表 3-2 主臂的截面参数

项　目	数　值	项　目	数　值
弦杆尺寸/mm×mm	76×5	腹杆尺寸/mm×mm	40×2.5
单个弦杆惯性矩 I/mm^4	7.06×10^5	单个腹杆惯性矩 I/mm^4	5.20×10^4
标准截面惯性矩 I_x/mm^4	1.61×10^9	标准截面抗弯模量 W_x/mm^3	2.68×10^6
标准截面惯性矩 I_y/mm^4	1.61×10^9	标准截面抗弯模量 W_y/mm^3	2.68×10^6
标准截面的旋转半径 r_x/mm	600.5	标准截面的旋转半径 r_y/mm	600.5
顶端危险面（宽×高）/mm×mm	631×532	底端危险面（宽×高）/mm×mm	1200×592
顶端危险面臂架惯性矩 I_y/mm^4	1.08×10^8	底端危险面臂架惯性矩 I_y/mm^4	1.18×10^8
顶端危险面臂架抗弯模量 W_x/mm^3	1.12×10^6	底端危险面臂架抗弯模量 W_x/mm^3	2.34×10^6
顶端危险面臂架抗弯模量 W_y/mm^3	1.38×10^6	底端危险面臂架抗弯模量 W_y/mm^3	1.51×10^6

由以上得：

$$\begin{cases} Q = 50\text{kN} + 5.5\text{kN} \\ P_1 = 10\text{kN} + 1.2\text{kN} \\ s_1 = 6\text{kN} + 1.2\text{kN} \\ s_2 = 18\text{kN} + 2.2\text{kN} \end{cases} \tag{3-46}$$

3.3.5.1 臂架整体的稳定性非概率可靠度计算

臂架主臂臂根处为危险截面，所以计算此处的稳定性，此时 $x=0$, $z=0$, $\Delta_1 = l_1\cos\theta_1 = 12000\cos(87.5°) = 523\text{mm}$，将 x、z、Δ_1 代入到其功能函数中，此工况的安全系数为 $n = 1.34$，可得：

$$[\sigma] = \frac{\sigma_s}{n} = \frac{345}{1.34} = 257.5\text{MPa} \tag{3-47}$$

$$Y = [\sigma] - \frac{P_1^c + P_1^r\delta_1 + Q^c + Q^r\delta_2}{\varphi A} - \left(\frac{1}{1 - \dfrac{P_1^c + P_1^r\delta_1 + Q^c + Q^r\delta_2}{N_{cr}}}\right) \times$$

$$\left[\frac{(P_1^c + P_1^r\delta_1 + Q^c + Q^r\delta_2)(\Delta_1 - z) + (s_1^c + s_1^r\delta_3 + s_2^c + s_2^r\delta_4)(l_1 - x) + (s_2^c + s_2^r\delta_4)l_2\sin\theta_2}{W_x}\right]$$

$$= 257.5 - \frac{(60 + 6.7\delta) \times 10^5}{4 \times 515} - \left(\frac{1}{1 - \dfrac{60 + 6.7\delta}{803}}\right) \times$$

$$\frac{[(60 + 6.7\delta) \times 523 + (24 + 3.4\delta) \times 1200 + (18 + 2.2\delta) \times 4000 \times \sin75°] \times 10^3}{2.34 \times 10^6}$$

令 $Y = 0$，得 $\eta_1 = \delta = 1.92$。

上述计算结果显示，臂架整体的稳定性可靠度的非概率指标不仅大于 1，而且有一定的余量，所以臂架是安全的。

3.3.5.2 臂架的强度非概率可靠度计算

根据臂架的刚度失效准则及臂架的受力特点，臂架根部仍为危险截面，选取该截面为计算截面。各臂架截面的参数同上。此工况根据表 3-3 选择其安全系数为 $n = 1.34$。此时许用应力为：

$$[\sigma]=\frac{\sigma_s}{n}=\frac{345}{1.34}=257.5\text{MPa} \tag{3-48}$$

表 3-3　起重机金属结构安全系数

计算对象			载荷情况		
			一类	二类	三类
			耐久性计算	强度的计算	强度的验算
			n	n	n
金属结构机构零件	除了运送液态金属外的所有起重机的金属结构	Q235	1.4	1.4	1.3
		Q345	1.45	1.45	1.34
	运送液态金属起重机金属结构	Q235	1.6	1.6	1.3
		Q345	1.65	1.65	1.34
	起升、支撑部件及变幅机构，防风、取物装置，制动器旋转、运行机构	锻轧件	1.6	1.6	1.4
		铸钢件	1.8	1.8	1.6
		锻轧件	1.4	1.4	
		铸钢件	1.6	1.6	

臂架的强度非概率的可靠度功能函数，令 $\delta_1=\delta_2=\delta_3=\delta_4=\delta$，可得：

$$U=[\sigma]-\frac{P_1^c+P_1^r\delta_1+Q^c+Q^r\delta_2}{\varphi A}-\left(\frac{1}{1-\dfrac{P_1^c+P_1^r\delta_1+Q^c+Q^r\delta_2}{N_{cr}}}\right)\times$$

$$=\left[\frac{(s_1^c+s_1^r\delta_3+s_2^c+s_2^r\delta_4)(l_1-x)+(s_2^c+s_2^r\delta_4)l_2\sin\theta_2}{W_x}\right]$$

$$=257.5-\frac{(60+6.7\delta)\times10^3}{4\times515}-\left(\frac{1}{1-\dfrac{60+6.7\delta}{803}}\right)\times$$

$$\frac{[(24+3.4\delta)\times12000+(18+2.2\delta)\times12000\times\sin(75°)]\times10^3}{2.34\times10^6}$$

令 $U=0$，得 $\eta_2=\delta=2.17$。

上式的计算结果显示，臂架的强度非概率可靠度不仅大于 1，而且有一定的余量，臂架结构的强度是满足使用要求的，臂架为安全状态。此计算为臂架强度的危险截面臂根处的强度，此截面满足要求则整根臂架的强度也是满足要求的，整根臂架也都是处于安全状态的。

3.3.5.3 臂架的刚度非概率可靠度计算

对履带式起重机来说，臂架的刚度是一个非常重要的参数，当臂架的刚度比较低时，履带式起重机在吊重时，臂架在变幅平面会有很大的挠度变形，这就会增加臂架起升的幅度，进而会大大地增加起重力矩，从而更加恶化了工作工况，从而起吊重物的危险性也会增加。对臂架结构的刚度进行非概率可靠度研究分析时，臂架工作时的挠度值可以在安全的范围中得到限制，从而更加改善了整个履带式起重机的安全性能。

此例计算时所用到的数据参数，在回转平面内时，臂架的刚度非概率可靠度功能函数为：

$$[f_2] = \frac{0.7 \times L^2}{1000} = \frac{0.7 \times 12^2}{1000} = 0.1008\text{m} = 100.8\text{mm} \tag{3-49}$$

可得：

$$\begin{aligned} F = [f_2] - & \left(\frac{1}{1 - \dfrac{P_1^c + P_1^r\delta_1 + Q^c + Q^r\delta_2}{N_{cr}}} \right) \\ & \left[\frac{(s_1^c + s_1^r\delta_3 + s_2^c + s_2^r\delta_4)x^2}{6EI}(3l_1 - x) + \frac{(s_2^c + s_2^r\delta_4)l_2\sin\theta_2 x^2}{2EI} \right] \\ = 100.8 - & \left(\frac{1}{1 - \dfrac{60 + 6.7\delta}{803}} \right) \times \\ & \left[\frac{(24 + 3.4\delta) \times 10^3 \times 12000^2}{6 \times 2.06 \times 10^6 \times 1.18 \times 10^8} \times (2 \times 12000) + \right. \\ & \left. \frac{(18 + 2.2\delta) \times 10^3 \times 4000 \times 12000^2 \times \sin(75°)}{2 \times 2.06 \times 10^6 \times 1.18 \times 10^8} \right] \end{aligned}$$

令 $F = 0$，得 $\eta_3 = \delta = 1.29$。

在回转平面内臂架的刚度非概率可靠度大于 1，所以臂架刚度是满足要求的，臂架处于安全状态。

3.3.6 工程算例二

对某履带式起重机 QUY50A 的臂架（如图 3-5 所示）的风载荷进行分析计算。

履带式起重机 QUY50A 的基本参数列入表 3-4 中。

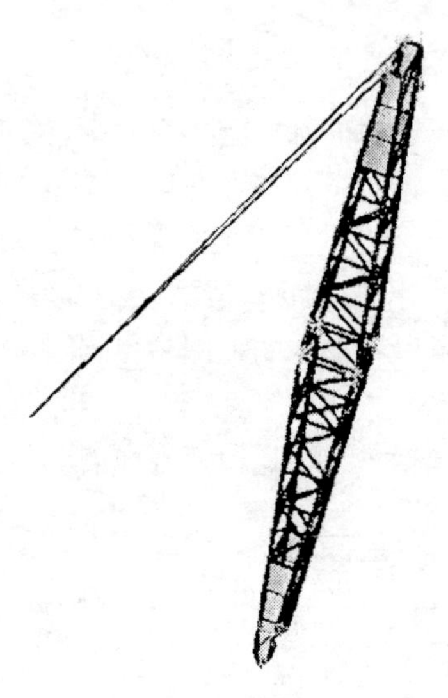

图 3-5　臂架的有限元模型

表 3-4　履带式起重机 QUY50A 的基本参数

基本参量	数值	基本参量	数值
额定起重量/kg	50000	稳定起升速度/$m \cdot s^{-1}$	0.25
回转加速时的转速/$r \cdot min^{-1}$	0.8	制动时间/s	5
下臂节长度/mm	6000	中间节长度/mm	3000
上臂节长度/mm	6000	臂架根部高度/mm	250
臂节高度/mm	1000	臂节宽度/mm	1000
臂架顶部高度/mm	300	加强板厚度/mm	10

履带式起重机一般工作在室外，会受到风载荷对其的影响，如果风载荷过大将会对起重机的作业安全带来危害，故对该起重机臂架的风载荷进行分析计算。已知该起重机臂架可承受的最大风载荷为 $P_N = 280N$。

首先，臂架抗风载荷的可靠性准则为：

$$P \leqslant P_N \tag{3-50}$$

风压的计算公式为：

$$P = CpA\sin^2\theta \tag{3-51}$$

由以上描述可看出风载荷 P 与参数 C、p、A、θ 有关，由文献［15］的计算方法及相关标准可确定所需要不确定参数的均值、离差以及其区间范围，见表 3-5。

表 3-5 风载荷 P 中不确定参量的均值、离差及其区间范围

计算载荷	均值	离差	区间范围
风力系数 C	1.2	0	[1.2, 1.2]
计算风压 $p/\mathrm{N}\cdot\mathrm{m}^{-2}$	125	56.25	[68.75, 181.25]
风与构架夹角 $\theta/(°)$	23	5.52	[17.48, 28.52]
迎风面积 A/m^2	7.5	1.125	[6.375, 8.625]

计算风载荷 P 可看做不确定参量的函数，则有：

$$P = P(C,\ p,\ A,\ \theta) \tag{3-52}$$

把式（3-51）在不确定参量的均值处展开为一阶 Taylor 级数：

$$P = P(C^{c}, p^{c}, A^{c}, \theta^{c}) + \frac{\partial P}{\partial C}C\delta + \frac{\partial P}{\partial p}p\delta + \frac{\partial P}{\partial A}A\delta + \frac{\partial P}{\partial \theta}\theta\delta \tag{3-53}$$

于是计算风载荷 P 的均值 P^{c} 和其离差 P^{r} 分别为：

$$\begin{cases} P^{c} = P(C^{c}, p^{c}, A^{c}, \theta^{c}) \\ P^{r} = \left|\frac{\partial P}{\partial C}\right|C^{r} + \left|\frac{\partial P}{\partial p}\right|p^{r} + \left|\frac{\partial P}{\partial A}\right|A^{r} + \left|\frac{\partial P}{\partial \theta}\right|\theta^{r} \end{cases} \tag{3-54}$$

将表 3-5 中的数值代入式（3-54）可得到 P^{c} 与 P^{r} 分别为：

$$\begin{cases} P^{c} = 171.75\mathrm{N} \\ P^{r} = 113.52\mathrm{N} \end{cases} \tag{3-55}$$

于是计算风载荷 P 所在的区间范围为：

$$P \in P^{I} = [P^{c} - P^{r},\ P^{c} + P^{r}] = [58.23,\ 285.27] \tag{3-56}$$

$P_{N} = 280\mathrm{N}$，其区间范围可表示为 [280, 280]，可求出该臂架结构非概率满意度的可靠性指标为：

$$\eta = \mathrm{Sat}(P^{I} \leqslant P_{N}^{I}) = 0.9768 \tag{3-57}$$

在起重机工作时，风载荷与臂架的夹角 θ 也随着变化，不同的 θ 对结构可靠性的影响是不同的，运用上述方法可计算出不同 θ 值时结构非概率满意度的可靠性指标，其结果见表 3-6。

表 3-6　结构的可靠性计算

θ/(°)	21	23	25	27	29	31	33	35
η	1	0.9768	0.7944	0.6609	0.5426	0.4534	0.3788	0.3169

由表中的计算结果可知，当 $\theta = 23°$ 时该臂架抗风载荷非概率满意度的可靠性指标 η 非常靠近 1，即该臂架抗风载荷的可靠性较高；当 $\theta = 25°$ 时，η 变小，表明其可靠度也减小；随着 θ 值的逐渐增大，η 在减小，减小的幅度变缓了，如图 3-6 所示。当 $\theta = 21°$ 时，$\eta = 1$ 表示此时结构为绝对安全状态，当 $\theta < 21°$ 时，$\eta =1$，结构都为绝对安全状态。在结构的实际工作中，风载荷与结构的夹角 θ 越大，结构的迎风面积越大，承受的风载荷相应的也增大，对结构的安全越不利，因此，上述的计算是符合实际且正确可行的。

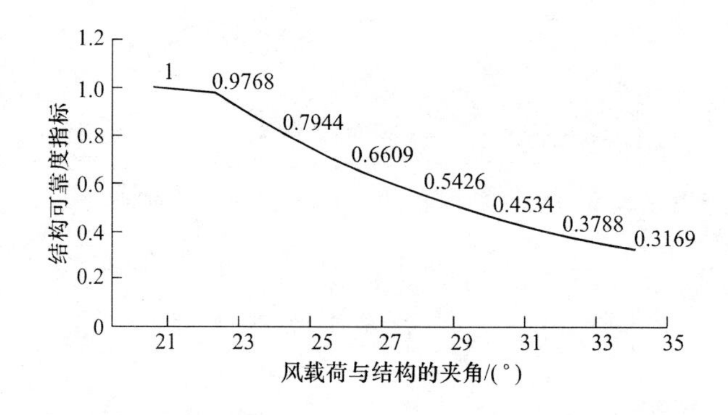

图 3-6　风载荷与结构的夹角对结构可靠度指标的影响

通过以上的计算分析可知，当 $\theta = 21°$ 时该臂架抗风载荷非概率满意度的可靠性指标 η 非常靠近 1，这正表明：在该结构的设计寿命期内其在抗风载荷方面发生失效的可能性为 0，换句话说该臂架结构此时为绝对安全状态，而随着 θ 的增大，η 变小，表明其可靠度也在减小，且减小变缓，符合实际，表明该方法是正确可行的。

如果该结构按给定的条件，假设风载荷为服从对数正态分布的，采用概率可靠性的计算方法，可计算出该结构的概率可靠度为 $\eta = 0.9807$。这就表明，运用非概率可靠性理论计算的结果比使用概率可靠性理论计算的结果稍小，造成此现象的原因是非概率理论在描述区间参数时用了较少的数据（即只需很少的数据来得到这些变量的波动幅度的界限），而后者描述随机变量用了较多的数据（即需要通过很多数据描述变量变化时的分布规律）。

3.4　工程软件的编制及应用

3.4.1　软件介绍

本章软件是使用 VC++6.0 的 MFC 基础类库进行编程的，针对履带式起重机臂架结构的非概率可靠度的计算，以及第 5 章对履带式起重机臂架整体结构的安全评估部分进行了参数化的编程，根据计算的需要定义出各个变量，并使用对话输入各变量的值，编写程序计算并由对话框输出计算结果。

图 3-7 是所编程的对话框主界面。

图 3-7　对话框主界面

点击强度计算按钮，调出起重机臂架结构强度非概率可靠度计算对话框，如图 3-8 所示，对话框中包含大量的输入参数、计算按钮（实现程序的运行）以及输出部分（起重机臂架的强度非概率可靠度的计算结果）。

对话框里所显示的值为程序中为变量赋的初始值。

点击刚度计算，调出起重机臂架结构刚度非概率可靠度的计算对话框，如图 3-9 所示，其界面类似于强度计算界面，输入参数也基本相同。

图 3-10 为起重机臂架结构稳定性非概率可靠度的计算对话框。

3.4.2　工程软件应用

本节选某主、副结构的履带式起重机对其进行非概率可靠性的分析与安全评估。臂架的长度为 12~27m，额定起重量为 710~7000kg，根据第 2 章的介绍，对履带式起重机臂架结构的非概率可靠性分析需要的数据主要有：材料参数、几何参数及载荷参数，下面具体介绍一下这些参数。

（1）臂架的材料参数：履带式起重机臂架结构，主弦杆采用的材料为

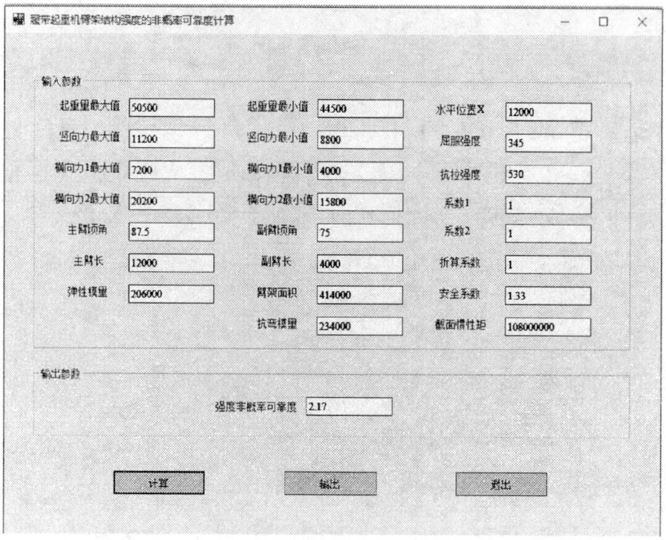

图 3-8　臂架强度计算对话框

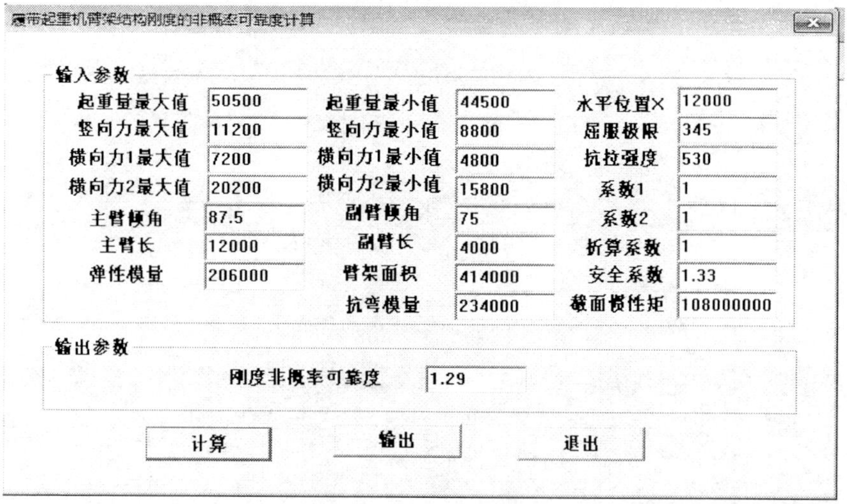

图 3-9　臂架刚度计算对话框

Q345，腹杆采用的材料为 Q235。尽管其臂架结构采用了不同的材料，但是材料密度、弹性模量、泊松比的数值基本是相同的，它们的值分别是 $7850\mathrm{kg/m^3}$、$2.06\times10^5\mathrm{MPa}$、0.3，Q345 材料的屈服极限为 $\sigma_s = 345\mathrm{MPa}$，抗拉强度为 $\sigma_b = 530\mathrm{MPa}$。

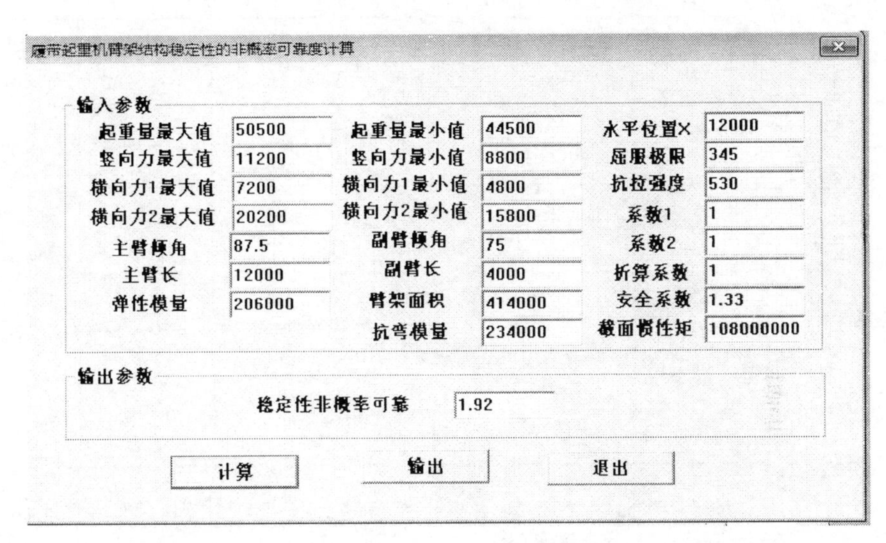

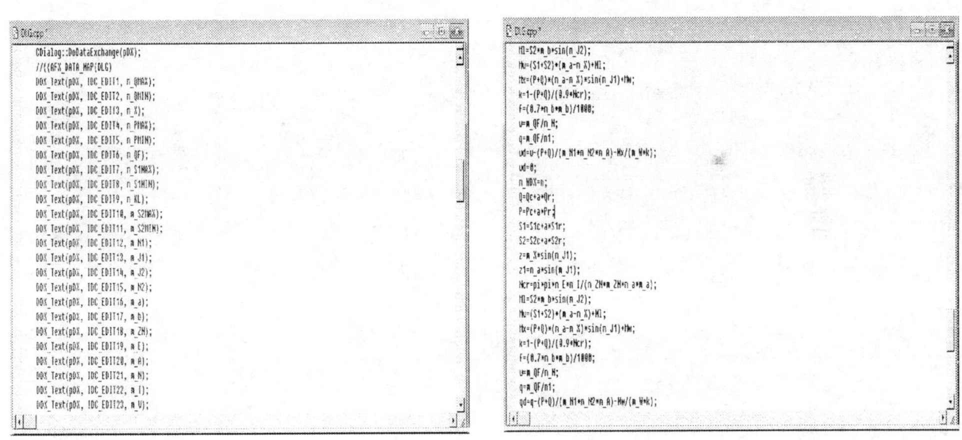

图 3-10 臂架稳定性计算对话框

（2）载荷参数：本例中载荷主要有起升载荷、竖向载荷以及主臂与副臂的横向载荷，将副臂臂端上的横向载荷转化到主臂臂端上。由于客观因素的影响这些载荷都是不确定的量，但是这些载荷的变异界限却是可以确定的，本例的计算使用的非概率可靠性理论就是利用这些载荷变量的上下界以及它们的均值与离差来计算的。

本例选用的是主臂为 12m、变幅为 3.5m、吊重为 50kN 的工况进行计算的。表 3-7 是本例用到的变量以及对应的数值。其中起重量、竖向载荷以及横向载荷给出的均是其最大值与最小值。

表 3-7　计算参数

起重量 /kN	竖向载荷 /kN	横向载荷 1 /kN	横向载荷 2 /kN	主臂倾角 /(°)	副臂倾角 /(°)	臂架位置 /mm
55.5 44.5	11.2 8.8	7.2 4.8	20.2 15.8	87.5	75	12000
主臂长 /mm	**副臂长 /mm**	**抗弯模量 /mm^3**	**屈服极限 /MPa**	**抗拉强 /MPa**	**轴心受压稳定系数**	**轴压稳定修正系数**
12000	4000	2.34×10^6	345	530	1	1
折算系数	**弹性模量 /MPa**	**臂架面积 /mm^2**	**截面惯性矩 /mm^4**	**安全系数**		
1	206000		1.18×10^8	1.33		

由以上数据运用所编程序计算出履带式起重机臂架结构的强度、刚度以及稳定性的非概率可靠度分别为 2.17、1.29、1.92，强度、刚度、稳定性的非概率可靠度都是大于 1 的，而且臂架稳定性与强度的非概率可靠度都有一定的余量，其强度与稳定性是非常可靠的。即该履带式起重机臂架结构的强度、刚度以及稳定性都满足要求，都是安全可靠的。以其为三个指标值计算出安全评估评价值为 0.76，可知结构为正常运行状态，但是要加强检查。

在该工况下对此履带式起重机臂架不同的起重量进行强度、刚度以及稳定性非概率的可靠度进行计算。所选取的不同的起重量见表 3-8。

表 3-8　不同的起重量数值

起重量 Q/kN	$70+7.7\delta$	$65+7.15\delta$	$60+6.6\delta$	$55+6.05\delta$	$50+5.5\delta$	$45+4.95\delta$
Q_{max}/kN	77.7	72.15	66.6	61.05	55.5	49.95
Q_{min}/kN	62.3	57.85	53.4	48.95	44.5	40.05
$Q_{均值}$/kN	70	65	60	55	50	45
$Q_{离差}$/kN	7.7	7.15	6.6	6.05	5.5	4.95
起重量 Q/kN	**$40+4.4\delta$**	**$35+3.85\delta$**				
Q_{max}/kN	44.4	38.85				
Q_{min}/kN	35.6	31.25				
$Q_{均值}$/kN	40	35				
$Q_{离差}$/kN	4.4	3.85				

根据以上不同的起重量，其余参数均参考表 3-7，可计算得到履带式起重机臂架结构强度、刚度、稳定性的非概率可靠度，结果见表 3-9。

表 3-9 不同起重量对应的非概率可靠度

起重量 $Q_{均值}$/kN		70	65	60	55	50	45	40	35
非概率可靠度	强度	1.15	1.19	1.34	1.50	1.67	1.87	2.12	2.45
	刚度	1.022	1.089	1.156	1.219	1.286	1.349	1.413	1.485
	稳定性	0.96	1.09	1.22	1.36	1.53	1.75	2.02	2.32

从计算结果可以得出如下结论：

(1) 此履带式起重机臂架结构随着起重量的增大，其结构的强度、刚度、稳定性的非概率可靠度都有不同幅度的减小，这是符合实际的，说明此方法是正确可行的。

(2) 此实例计算的是臂架的危险截面，若此截面的强度、刚度、稳定性都是满足要求的，是安全可靠的，那么整根臂架都是安全可靠的。

(3) 在这个起重量的范围内其强度和稳定性的变化范围相对较大，刚度的变化范围很小，说明起重量的变化对其强度和稳定性的影响较大，对刚度的影响较小。对于一般的结构，这是因为影响其刚度的因素主要是其几何参数，如臂架的长度等。

(4) 对于其结构强度的非概率可靠度的变化范围为 [1.15, 2.45]，总体都是大于 1 的，所以在此起重量的范围内工作时，结构都是安全可靠的。起重量为 70kN 时，其非概率可靠度为 1.15，虽然大于 1，但是余量不大，因此当起重机工作条件较差或者要求较高时，应该适当地增加其强度。起重量为 35kN 时其非概率可靠度为 2.45，所以此时其强度有一定的余量，是非常安全的。

(5) 结构的稳定性非概率可靠度的变化类似其强度非概率可靠度的变化，起重量取最小值时，其可靠度较大，有一定的余量，结构是非常安全的，但是不同的是当起重量为最大值时，其可靠度小于 1，因此结构是不安全的。起重量为 65kN 时可靠度虽然大于 1 但是非常接近 1，结构还是安全的，但是不建议结构在载荷较大的工况下工作。

(6) 对于不同的起重量，刚度的可靠度比较集中，随着起重量的变化其可靠度的变化是非常小的，且其可靠度都大于 1，臂架是安全可靠的。

图 3-11 为起重量对臂架结构强度的非概率可靠度的影响，从图中可以看出，起重量对臂架结构强度的非概率可靠度的影响为非线性变化的，随着起重量的增加其非概率可靠度是递减的。

图 3-12 为起重量对臂架结构稳定性的非概率可靠度的影响，从图中可以看出，起重量对臂架结构稳定性的非概率可靠度的影响为非线性变化的，但是非常接近线性，随着起重量的增加其非概率可靠度也是递减的。

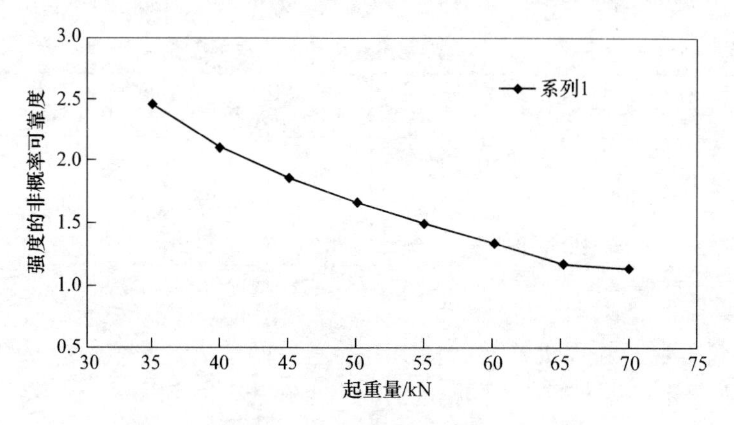

图 3-11　起重量对臂架的强度非概率可靠度的影响

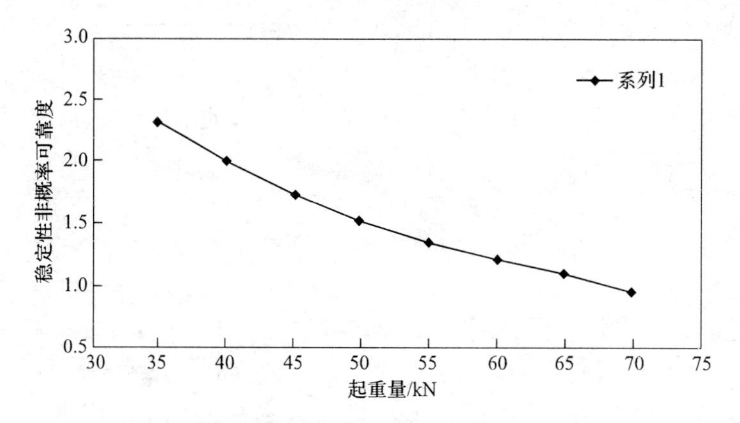

图 3-12　起重量对臂架稳定性非概率可靠度的影响

图 3-13 为起重量对臂架结构刚度的非概率可靠度的影响，从图中可以看出，起重量对臂架结构的刚度非概率可靠度的影响为非线性变化的，且变化较快，随

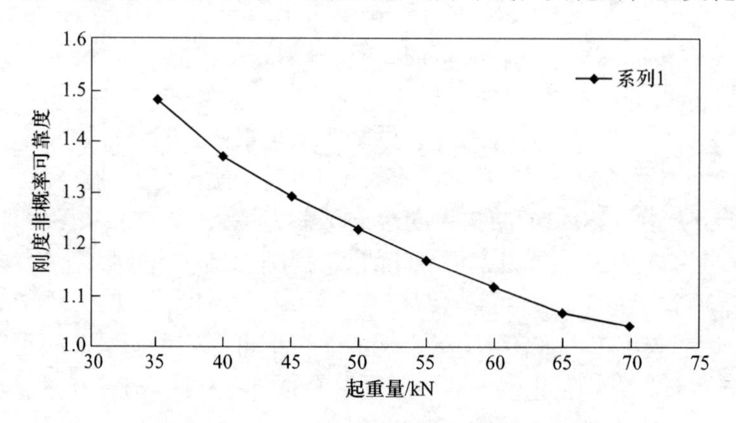

图 3-13　起重量对臂架刚度非概率可靠度的影响

着起重量的减小其非概率可靠度也是递减的。

本例选用的履带式起重机臂架结构为桁架结构，在计算其弯矩时需将其等效为实腹式结构，应该为其加一个弯矩放大系数 $\dfrac{1}{1-\dfrac{P_1+Q}{N_{cr}}}$，图 3-14 是不同的起重量对该放大系数的影响，从图中可以看出随着起重量的增大，该系数也是增大的，且整体变化接近于线性。

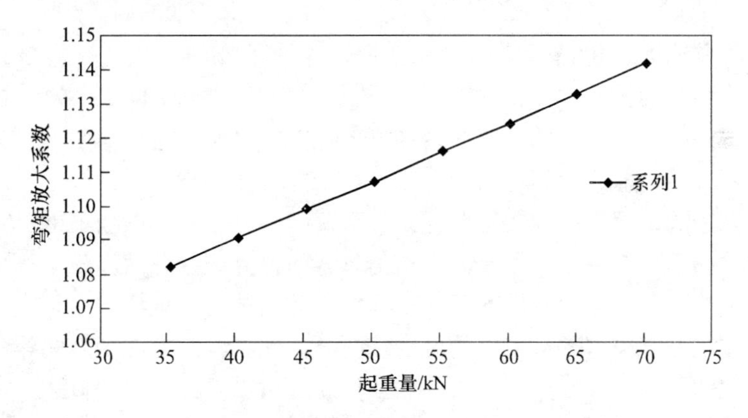

图 3-14　起重量对弯矩放大系数的影响

4 结构区间非概率时变可靠性研究及应用

4.1 非概率时变可靠性

由于各种原因，包括变化的载荷作用、环境条件的变化、材料自身性能退化，不确定结构的抗力是随着时间退化的，而载荷随着时间变化的随机性也很大，因此，将时间因素考虑在内的结构可靠性更符合实际情况。然而，一旦将可靠性和时间关联，前面所阐述的静态可靠性研究方法将不再适用。而基于随机过程动态可靠性的研究方法主要有两种：首次跨越的方法和性能极值的方法。基于随机过程的动态可靠性需要大量的样本信息和高计算成本，而实际工程中往往不能得到大量的实验数据信息。鉴于此，本章将运用结构非概率时变可靠性度量模型和求解方法来解决这种贫信息的可靠性问题。此方法既考虑了时间累积效应对结构可靠性的影响，又不需要大量的样本信息，可以作为基于随机过程理论的时变可靠性分析理论的有效补充。

长期以来，在结构的设计和评估中，结构的安全性往往都是指某一时刻的可靠度，而实际中，由于各种原因，包括材料自身性能的退化、环境条件的变化以及变化的载荷等，结构的可靠度是一个动态的量。因此，在对结构的可靠性进行分析时，应该考虑结构抗力的退化以及载荷的变化过程，从而建立结构的动态可靠性模型。1970 年开始，一些发达国家开始研究结构的动态可靠性理论。Kameda 通过研究抗力与载荷的衰减问题提出了时变可靠性的概念。Geidl 针对抗力和载荷衰减的可靠度问题，提出了研究该问题的新思路。Sudret 将体系可靠度和跨越率结合，提出了计算时变可靠度的通用公式。Breitung 也是通过跨越率的方法研究了结构载荷随时间变化的关于时变可靠性的问题。以上都是在随机过程概率理论的框架下进行的结构动态可靠性研究。但实际中，往往不容易得到大量的不确定性参数样本信息，鉴于样本信息匮乏，我国学者姜潮基于凸模型过程理论，针对工程实际有限样本的背景，提出了一种非概率时变可靠性度量指标，并通过数值技术进行了求解。王磊认为不确定性参数的区间是随着时间变化的，提出了一种基于非概率区间过程理论的时变可靠性度量方法，定义了非概率时变可靠性指标，同时还引入了 Monte-Carlo 数值模拟的方法，有效地验证了用该方法解决实际工程中不确定性结构时变可靠性的正确性。

在实际工程问题中，不确定性结构常常表现出时间累积的效应。因此，面向整个生命周期内结构性能的安全性评估问题逐渐引起学者们的重视，在过去的二十年期间，得到了越来越多的关注与讨论。高效精细的时变可靠性度量方法是保证结构在整个生命周期内具有高可靠性水平的一种技术，但时变可靠性的研究仍处于初级阶段，且理论基础也不成熟，其主要是因为：失效事件之间时间相关性的处理；以随机过程为基础的概率理论体系下，计算成本对结构时变极限状态表征的限制；样本信息匮乏时没有通用可行的时变可靠性度量方法。因此，针对有限样本条件下传统评估手段所带来的计算困难、精度差等问题，以及考虑时间累积效应对结构安全性能的影响，结构非概率时变可靠性度量模型可以作为传统时变可靠性度量模型的很好补充。

4.1.1 时变可靠性的定义

传统的可靠性理论认为结构的可靠度是一个定值，因为没有考虑强度的退化以及载荷的时间效应。而在实际工程问题中，由于结构长时间的使用、环境的影响，其材料本身的性能在退化，载荷也表现出时间效应，同时，还存在其他因素的影响，使得结构的可靠度不再是一个定值，而是会表现出时变或动态特性。

当考虑结构抗力和载荷的时变特性时，其时变模型可表示为式（4-1)：

$$Z(t) = R(t) - S(t) \tag{4-1}$$

式中 $Z(t)$ ——考虑时变特性的功能函数；

$R(t)$ ——考虑时变特性的结构抗力；

$S(t)$ ——考虑时变特性的载荷效应；

t ——服役时间。

考虑时变特性的结构极限状态功能方程可表示为：

$$Z(t) = R(t) - S(t) = 0 \tag{4-2}$$

在结构的整个生命周期 $[0, T]$ 内，结构的安全界限可表示为：

$$Z(t) = \min_{0<t<T}[R(t) - S(t)] \tag{4-3}$$

4.1.2 非概率时变可靠性模型

传统的可靠性模型，包括概率可靠性模型和模糊可靠性模型，是在确定结构抗力和载荷分布或隶属函数的前提下进行的，但这往往需要大量的实验数据信息，而在实际工程中，受客观条件的限制，往往很难得到大量的数据信息来描述抗力和载荷的分布或隶属函数，但是能够确定它们的上下边界，因此可看做区间变量。但第3章所建立的结构非概率可靠性模型，不考虑时间因素，因此，不确定性参数的区间是不变的，得到的非概率可靠性指标也是一个静态量。而实际中，结构在服役过程中，由于变化的环境、自身性能的变化等各种因素的影响，不确定性参数的区间大小是会随着时间改变的。

在分析时，把结构的抗力和强度看做区间变量，考虑时间因素，两者的区间大小是会随着载荷的作用次数或者作用时间变化的。由热力学可知，损伤都是不可逆的，对由疲劳引起的抗力退化，剩余抗力是一个单调递减的函数。将抗力区间和载荷区间分别表示为 $R^{\mathrm{I}}(t)$ 和 $S^{\mathrm{I}}(t)$ 。那么，由结构失效准则确定的功能函数为：

$$Z(t) = R(t) - S(t) \tag{4-4}$$

表示为区间变量式如下：

$$Z^{\mathrm{I}}(t) = R^{\mathrm{I}}(t) - S^{\mathrm{I}}(t) \tag{4-5}$$

如果结构的抗力大于载荷，则认为结构安全可靠；如果结构的抗力小于载荷，则认为结构是失效的。

如果把结构的初始抗力看做区间变量，则 $R(0) \in R^{\mathrm{I}}(0) = [R^{l}(0), R^{u}(0)]$ ，同样将载荷看做区间变量，则 $S \in S^{\mathrm{I}} = (S^{l}, S^{u})$ 。其中，$R^{u}(0)$、$R^{l}(0)$ 和 S^{u}、S^{l} 分别为初始抗力和载荷的上界和下界。依区间性质可知，结构的剩余抗力 $R_{\mathrm{d}}(t)$ 同样为区间变量，即：$R_{\mathrm{d}}(t) \in R_{\mathrm{d}}^{\mathrm{I}}(t) = [R_{\mathrm{d}}^{l}(t), R_{\mathrm{d}}^{u}(t)]$ ，因此，载荷作用 t 时间后，结构的剩余抗力为：

$$R_{\mathrm{d}}^{\mathrm{I}}(t) = R^{\mathrm{I}}(0) - [R^{\mathrm{I}}(0) - S^{\mathrm{I}}]t \tag{4-6}$$

式（4-6）为结构剩余抗力的区间计算公式，进一步可转化为优化问题来求解，从而能够得到结构剩余抗力在不同时间的区间上界和下界，其优化模型为：

$$\min(\max) R_{\mathrm{d}}(t) = R(0) - [R(0) - S]t \tag{4-7}$$

$$\text{s.t.}\quad R^{l}(0) \leqslant R(0) \leqslant R^{u}(0) \quad S^{l} \leqslant S \leqslant S^{u}$$

求解此优化模型，得到在不同时间，结构剩余强度区间的上界 R_{d}^{u} 和下界 R_{d}^{l} ，然后，依据前面式子可得出结构的非概率时变可靠性指标为：

$$\eta(t) = \begin{cases} \dfrac{R_{\mathrm{d}}^{\mathrm{c}}(t) - S^{\mathrm{c}}(t)}{R_{\mathrm{d}}^{\mathrm{r}}(t) + S^{\mathrm{r}}(t)} & R_{\mathrm{d}}^{\mathrm{c}} > S^{\mathrm{c}} \\ 0 & R_{\mathrm{d}}^{\mathrm{c}} < S^{\mathrm{c}} \end{cases} \tag{4-8}$$

由式（4-8）计算可以得到不同时间对应的 η 值。而且，η 值是随着服役时间而变化的。

4.1.3 非概率区间过程时变可靠性

4.1.3.1 区间过程模型中的数学表达

对于一个区间过程 $X(t)$，它的上界和下界分别表示为：$\overline{X(t)}$、$\underline{X(t)}$。

均值函数表示为：

$$X^{c}(t)=\frac{\overline{X(t)}+\underline{X(t)}}{2} \tag{4-9}$$

离差函数表示为：

$$X^{r}(t)=\frac{\overline{X(t)}-\underline{X(t)}}{2} \tag{4-10}$$

方差函数表示为：

$$D_{X}(t)=[X^{r}(t)]^{2}=\left[\frac{\overline{X(t)}-\underline{X(t)}}{2}\right]^{2} \tag{4-11}$$

区间变量 $X(t)$ 在任意两个时刻 t_1、t_2 所对应的区间变量为 $X(t_1)$、$X(t_2)$，其均值和离差分别为：$X^{c}(t_1)=\frac{\overline{X(t_1)}+\underline{X(t_1)}}{2}$、$X^{r}(t_1)=\frac{\overline{X(t_1)}-\underline{X(t_1)}}{2}$，$X^{c}(t_2)=\frac{\overline{X(t_2)}+\underline{X(t_2)}}{2}$、$X^{r}(t_2)=\frac{\overline{X(t_2)}-\underline{X(t_2)}}{2}$，将其进行标准化表示为：

$$X(t_1)\in[\underline{X(t_1)},\ \overline{X(t_1)}]=X^{c}(t_1)+X^{r}(t_1)\delta_1 \tag{4-12}$$

$$X(t_2)\in[\underline{X(t_2)},\ \overline{X(t_2)}]=X^{c}(t_2)+X^{r}(t_2)\delta_2 \tag{4-13}$$

式中　δ_1,δ_2——标准化区间变量。

任意两个时刻 t_1 和 t_2 所对应的两个区间变量 $X(t_1)$、$X(t_2)$ 的自协方差函数为：

$$\begin{aligned}Cov_{X}(t_1,\ t_2)&=Cov(V_1,\ V_2)X^{r}(t_1)X^{r}(t_2)\\&=(1-\sqrt{2}d)X^{r}(t_1)X^{r}(t_2)\end{aligned} \tag{4-14}$$

式中　d——矩形域边长的一半，$0\leqslant d\leqslant\sqrt{2}$。

协方差绝对值越大，对应的两个区间变量的相关性越强。

为了消除两个区间变量 $X(t_1)$、$X(t_2)$ 变化幅度的影响，而只是单纯反映两个区间变量每单位变化时的相似程度，同时也可以反映两个变量变化时是同向还是反向，本章引入了相关系数的概念。

任意两个时刻 t_1 和 t_2 所对应的两个区间变量 $X(t_1)$、$X(t_2)$ 的相关系数函数表示如下：

$$\rho_X(t_1,\ t_2)=\frac{Cov_X(t_1,\ t_2)}{\sqrt{D_X(t_1)}\ \sqrt{D_X(t_2)}}=\frac{Cov(V_1,\ V_2)}{\sqrt{D_{V_1}}\sqrt{D_{V_2}}}$$

$$=\rho_{V_1V_2}=(1-\sqrt{2}d) \tag{4-15}$$

式中 D_{V_1}，D_{V_2} ——标准区间变量 V_1、V_2 的方差，都等于1；

$\rho_X(t_1,\ t_2)$ ——区间变量 $X(t_1)$、$X(t_2)$ 的线性相关程度，是一个无量纲的量。

$|\rho_X(t_1,\ t_2)|$ 越大，$X(t_1)$、$X(t_2)$ 之间的线性相关性越强；当 $\rho_X(t_1,\ t_2)=1$ 时，$X(t_1)$，$X(t_2)$ 的正向相关性最大；当 $\rho_X(t_1,\ t_2)=-1$ 时，$X(t_1)$、$X(t_2)$ 的反向相关性最大；当 $\rho_X(t_1,\ t_2)=0$ 时，$X(t_1)$、$X(t_2)$ 没有任何相关性，也就是两个变量无关。

4.1.3.2 非概率时变可靠性评估

考虑时间效应的结构极限状态方程为：

$$g[t,\ X(t),\ d]=g[t,\ a(t),\ X(t)]=a_0(t)+a(t)X(t)$$

$$=a_0(t)+\sum_{i=1}^{n}a_i(t)X_i(t)=0 \tag{4-16}$$

式中 $X(t)$ ——独立区间过程的向量，$X(t)=[X_1(t),X_2(t),X_3(t),\cdots,X_n(t))^T$；

$a(t)$ ——时间系数的向量，$a(t)=a_1(t),a_2(t),a_3(t),\cdots,a_n(t)$；

$a_0(t)$ ——关于 t 的确定的函数。

若结构的服役期为 $[0,\ T]$，将结构的极限状态函数 $g[t,\ X(t),\ d]$ 离散为 N 个时间函数，$g(0)$，$g(\Delta t)$，$g(2\Delta t)$，…，$g(N\Delta t)$，$N=\frac{T}{\Delta t}$，取无限大值。那么，通过求解结构任一时间在这些区间（$[i\Delta t,\ (i+1)\Delta t]$，$i=1,\ 2,\ \cdots,\ N$）的失效度，就能够得到结构在 $[0,\ T]$ 内对应时间的失效度。然后，运用随机过程理论中的“穿越”概念，做如下假设：

（1）在每个子区间只能发生一次穿越事件；

（2）两个不同子区间内的失效事件相互独立。

基于此假设，结构在 $[0,\ T]$ 内的失效度可根据式（4-17）求解：

$$\begin{aligned} P_f(T) &= Pos_f(0) + \sum_{i=1}^{N} PI(E_i) \\ &= Pos_f(0) + \sum_{i=1}^{N} PI\{g[i\Delta t, X(i\Delta t), d] > 0 \cap g[(i+1)\Delta t, X((i+1)\Delta t), d] \leqslant 0\} \\ &= Pos_f(0) + \sum_{i=1}^{N} PI\{g(i\Delta t) > 0 \cap g[(i+1)\Delta t] \leqslant 0\} \end{aligned} \tag{4-17}$$

式中　$Pos_f(0)$ ——静态失效度；

$PI(E_i)$ ——事件 E_i 发生的概率。

其中

$$g[i\Delta t, X(i\Delta t), d] > 0 \cap g[(i+1)\Delta t, X((i+1)\Delta t), d] \leqslant 0$$

因此，结构在 $[0, T]$ 的可靠度可根据式（4-18）求解：

$$R_s(T) = 1 - P_f(T) \tag{4-18}$$

4.1.4　臂架结构时变抗力分析

4.1.4.1　臂架抗力概述

实际工程中，由于环境条件的变化、自身性能的变化、变化载荷的作用，结构的抗力随着服役时间的增加在逐渐退化，因此，结构的抗力不是一定值，而是会随着时间变化的。同样，起重机随着服役时间的增加，臂架结构的抗力也在逐渐退化，而载荷是影响起重机抗力退化的重要因素之一。载荷一般包括静力载荷和重复载荷，静力载荷在结构的设计寿命期内，任一时间结构的应力大于其强度，都会导致结构失效；但重复载荷应考虑其对结构的累计损伤，根据结构的疲劳强度和所受的等效等幅应力变程循环次数，进行疲劳分析。实际中，随着重复载荷引起的损伤不断累积，会导致结构的抗力不断下降，进而使得结构的可靠度也在降低。因此，考虑疲劳累积损伤对结构抗力的影响更符合实际。

4.1.4.2　臂架结构的抗力时变模型

由文献可知，在实际中，抗力的时变模型通常表示为结构初始抗力与抗力衰减函数的乘积。随着服役时间的增加，臂架结构抗力的均值越来越小，而标准差越来越大。

结构抗力的时变模型表示为：

$$R(t) = R_0(t)\varphi(t) \tag{4-19}$$

式中　$R_0(t)$ ——结构初始抗力，因为与时间的起始点无关表示为 $R(0)$ ；

$\varphi(t)$ ——结构抗力衰减系数，为确定性函数。

由文献［55］知，$\varphi(t)$ 取为指数函数，如式（4-20）：

$$\varphi(t) = \exp(-kt^2) \tag{4-20}$$

因此，臂架结构抗力的衰减函数可表示为：

$$R(t) = R(0)\exp(-kt^2) \tag{4-21}$$

臂架结构抗力的区间模型进行标准化为：

$$R(t) = R(0) + R(0)\delta_0 \tag{4-22}$$

4.1.5　载荷效应时变分析

4.1.5.1　载荷效应

履带式起重机载荷包括恒定载荷和可变载荷（起升载荷、风载荷、惯性载荷），载荷效应是一个宏观的概念。它是以对结构产生的力、力矩来表现的，进一步表现为应力和应变。这些值的获得往往是很困难的，也就很难对其进行统计以及确定其分布。目前通常采用材料力学、结构力学的相关知识，对结构简化，以求得其相应的应力、应变。但这种方法由于做了过多的假设，或者是把一些不确定性参数都取为定值，会使得计算结果出现偏差。

实际的工程问题中，通常将载荷和载荷效应假设符合某种线性关系，可用式（4-23）表示：

$$S = cQ \tag{4-23}$$

式中　S——载荷效应；

　　　c——载荷效应系数，为一常数；

　　　Q——作用载荷。

因为载荷和载荷效应呈线性关系，因此可以将载荷的统计特征结果应用于载荷效应的统计特征中，进而分析结构的可靠性。

4.1.5.2　恒定载荷时变模型

书中对臂架结构进行可靠性分析，所研究的恒定载荷指臂架结构的自重，包括臂架结构自身重量、臂端的加强板、弦杆以及斜腹杆，还包括其他附件的质量，如钢丝绳、滑轮组等，臂架结构自重是起重机始终拥有的载荷，属于永久载荷，几乎不受环境变化的影响，在服役期可认为是一恒定值。

起重机在设计之前，结构的自重是未知的，因此只能先对其进行估算。对结构自重的估算一般是参照起重机设计手册以及运用计算公式，或是参考现有同类型起重机。经过多次估算才能够逼近真实值。概率可靠性模型把恒定载荷看做服从正态分布，而模糊可靠性模型把恒定载荷用模糊正态分布来描述。在本书的研究中，把恒定载荷看做区间变量。

4.1.5.3 可变载荷时变模型

起重机在服役期内承受多种动载荷，这些载荷因出现时的幅值和出现的次数不定，而具有不确定性，履带式起重机的起升载荷、惯性载荷、风载荷等都属于动载荷。在对结构的时变可靠性进行分析时，主要考虑这些动载荷对结构的影响，而不考虑其他动载荷。

A 起升载荷时变模型

履带式起重机起升载荷是通过吊钩、钢丝绳传递给臂架的，它是伴随着起重机工作而产生的载荷，同时也是导致臂架结构发生疲劳失效的主要载荷。因此在进行臂架结构时变可靠性分析时，必须考虑起升载荷对臂架的作用。起升载荷一般是根据作业的实际情况来确定的，比如说对同一起重机，根据其作业场合、作业对象、作业量的不同，起升载荷不是一个定值，而是会随着空间变化的。在特定作业场合的不同时刻，起重机起吊的货物也是不一样的，所以起升载荷还与时间有关。综合考虑，可以发现起重机的起升载荷是随着空间和时间不断变化的，具有随机性。传统可靠性模型分析需要大量的起升载荷实验数据信息，但实际中，实验设备和实验周期都会影响起升载荷数据的获取，因此很难获得大量的实验数据信息。为了能够建立起升载荷较准确的时变模型，往往是通过采集起重机在同一时间、不同环境下工作时的起升载荷数据，通过统计这些数据的分布特征，进一步采用模拟方法得出其分布函数。一般认为起升载荷服从正态分布。而在非概率模型中，认为起升载荷是一个区间变量，属于某一区间 $P_Q \in [P_Q^l, P_Q^u]$。

B 惯性载荷时变模型

履带式起重机在回转工作时，臂架由静止状态到有一定的速度，会产生一个加速度，因此，臂架结构会产生一个回转惯性力，回转半径不同，产生的回转惯性力也不相同，我们将惯性载荷看做区间变量。

C 风载荷的时变模型

履带式起重机都是在室外露天工作，建立载荷模型时，应考虑风载荷的作用，一般假定风载荷是沿着起重机最不利的水平方向作用的静力载荷，风载荷一般可分为工作状态风载荷与非工作状态风载荷，其区别主要体现在风压上。工作状态风载荷是指起重机在工作时应能承受的最大风力。

4.1.6 臂架结构非概率时变可靠性模型

将臂架结构的初始抗力表示为区间变量如 $R(0) \in [R(0)^l, R(0)^u]$，其均值和离差分别表示为：$R(0)^{c}=\dfrac{R(0)^{l}+R(0)^{u}}{2}$，$R(0)^{r}=\dfrac{R(0)^{u}-R(0)^{l}}{2}$。

将其进行标准化变为：

$$R(0)=R(0)^{c}+R(0)^{r}\delta_{0} \tag{4-24}$$

式中　δ_0——区间变量 $R(0)$ 的标准化区间变量。

将结构抗力的时变模型表示为初始抗力区间与抗力衰减函数的乘积，则臂架结构非概率时变可靠性功能函数表示为：

$$\begin{aligned} g &= g[R(t),\ S(t)] = G(\delta_0,\ \delta_1,\ \delta_3,\ \delta_4) \\ &= [R(0)+R(0)\delta_0]\mathrm{e}^{-kt^2}-\left(\frac{F^{c}+F^{r}\delta_1}{A}+\frac{M_x^{c}+M_x^{r}\delta_3}{W_x}+\frac{|M_y^{c}+M_y^{r}\delta_4+M_{oy}|}{W_y}\right) \end{aligned} \tag{4-25}$$

臂架的非概率时变可靠性指标为：

$$\eta=\min\|\delta\|_{\infty} \tag{4-26}$$

同时，η 的求解满足：

$$\begin{cases} G(\delta_0,\ \delta_1,\ \delta_3,\ \delta_4)=0 \\ |\delta_0|=|\delta_1|=|\delta_3|=|\delta_4| \end{cases} \tag{4-27}$$

4.2　区间非概率在履带式起重机可靠性中的应用

某主臂作业履带式起重机，臂架材料为Q345，屈服极限 $\sigma_s=345\text{MPa}$，抗拉强度 $\sigma_b=510\text{MPa}$，弹性模量 $E=2.1\times10^{5}\text{MPa}$、泊松比 $\mu=0.3$，密度 $\rho=7.85\times10^{3}\text{kg/m}^{3}$。按照最不利工况，即最大起重量工况、风侧向吹、起升和回转机构同时作业，此时的臂架受轴向力和横向力的同时作用。最大起重量工况数据和臂架主臂截面参数分别如表4-1、表4-2所示。

表4-1　臂架最大起重量工况数据

项　目	数　值	项　目	数　值
起重量/t	35	臂架仰角/(°)	78.6
臂长/m	12	拉板与臂架轴线夹角/(°)	23.7
臂架自重/t	2.3	起升钢丝绳与臂架轴线夹角/(°)	1.85
工作幅度/m	3.5	起升动载系数 ϕ_2	1.03

表 4-2　臂架主臂截面性质

项　目	数　值	项　目	数　值
危险截面抗弯模量 W_x/mm^3	2.68×10^6	单个弦杆截面面积/mm^2	1114.7
危险截面抗弯模量 W_y/mm^3	1.33×10^6	单个腹杆截面面积/mm^2	294.4
危险截面惯性矩 I_x/mm^4	1.61×10^9	标准截面旋转半径 r_x	600.5
危险截面惯性矩 I_y/mm^4	3.93×10^8	标准截面旋转半径 r_y	600.5

起重量 $Q \in [31.5, 38.5]\mathrm{t}$，起升冲击系数 $\phi_1 \in [1, 1.1]$，偏摆角 $\varphi \in [3°, 6°]$，与此相关的轴向力 $F \in [531, 651]\mathrm{kN}$，横向力 $T \in [16, 20]\mathrm{kN}$，横向力引起的弯矩 $M_x \in [156, 190]\mathrm{kN \cdot m}$，垂直于臂架轴线的自重分力引起的弯矩 $M_y \in [4, 5.2]\mathrm{kN \cdot m}$。

将轴向力 F、横向力 T、横向力引起的弯矩 M_x、垂直于臂架轴线的自重分力引起的弯矩 M_y 这些区间变量标准化后可表示为：

$$\begin{cases} F = 591\mathrm{kN} + 60\delta_1\mathrm{kN} \\ T = 18\mathrm{kN} + 2\delta_2\mathrm{kN} \\ M_x = 173\mathrm{kN \cdot m} + 17\delta_3\mathrm{kN \cdot m} \\ M_y = 4.6\mathrm{kN \cdot m} + 0.6\delta_4\mathrm{kN \cdot m} \end{cases} \tag{4-28}$$

4.2.1　臂架结构静态非概率可靠性

4.2.1.1　臂架的强度非概率可靠性计算

臂架的横向力最大弯矩和最大轴向力都发生在臂架根部，但臂架根部有加强板，所以一般取臂架根部没有被加强处的截面作为危险截面，设此危险截面距离臂根为2.5m。

臂架强度非概率可靠性功能函数中，强度非概率可靠性计算如下：

$$\begin{aligned} g &= g(\sigma, F, M_x, M_y) \\ &= [\sigma] - \left(\frac{F}{A} + \frac{M_x}{W_x} + \frac{|M_y + M_{oy}|}{W_y}\right) \\ &= 259 - \left(\frac{(591 + 60\delta_1) \times 10^3}{4 \times 1114.7} + \frac{(173 + 17\delta_3) \times 10^6}{2.68 \times 10^6} + \right. \\ &\quad \left. \frac{|(4.6 + 0.6\delta_4) \times 10^6 - 26.1 \times 10^6|}{1.33 \times 10^6}\right) \end{aligned} \tag{4-29}$$

令：

$$\begin{cases} g = 0 \\ |\delta_1| = |\delta_3| = |\delta_4| \end{cases}$$

利用一维优化算法，在标准化区间变量 δ_1、δ_3、δ_4 构成的三维空间中，通过坐标原点与顶点形成的 $2^{3-1}=4$ 条直线，与功能函数联立求解，可得臂架的强度非概率可靠性指标为：

$$\eta = 2.257$$

由 $\eta = 2.257 > 1$ 可知，臂架结构强度安全可靠。

4.2.1.2　臂架的刚度非概率可靠性计算

臂架的刚度校核是在回转平面内进行的，臂架端部是挠度最大的位置，在分析时仅考虑由横向力引起的臂端挠度。在回转平面内，仅有横向力引起的臂端挠度 f_w 为：

$$f_w = \frac{TL^3}{3EI_x} \tag{4-30}$$

臂架刚度非概率可靠性功能函数中，采用放大系数法求解臂架臂端挠度，刚度非概率可靠性计算如下：

$$\begin{aligned} g &= g(f,\ T,\ F) \\ &= [f] - \frac{f_w}{1 - \dfrac{F}{0.9P_{linx}}} \\ &= [f] - \frac{1}{1 - \dfrac{F}{0.9P_{linx}}} \times \frac{TL^3}{3EI_x} \\ &= 100.8 - \frac{1}{1 - \dfrac{591 + 60\delta_1}{0.9 \times 6796.3}} \times \\ &\quad \frac{(18 + 2\delta_2) \times 10^3 \times (12 \times 10^3)^3}{3 \times 2.1 \times 10^5 \times 1.61 \times 10^9} \end{aligned} \tag{4-31}$$

令：

$$\begin{cases} g = 0 \\ |\delta_1| = |\delta_2| \end{cases}$$

利用一维优化算法，在标准化区间变量 δ_1、δ_2 构成的二维空间中，通过坐标原点与顶点形成的 $2^{2-1}=2$ 条直线，与功能函数联立求解，可得臂架的刚度非概率可靠性指标为：

$$\eta = 13.828$$

由 $\eta = 13.828 > 1$ 可知，臂架结构刚度安全可靠。

4.2.1.3　臂架的整体稳定性非概率可靠性计算

经计算，在回转平面内，由起升钢丝绳偏心引起的臂架端部初弯矩 M_{ox} 非常小，故在稳定性计算时可不考虑，而 $C_{ox}=1$。

履带式起重机臂架是一个承受双向弯曲的受压构件，臂架稳定性非概率可靠性功能函数中，稳定性非概率可靠性计算如下：

$$
\begin{aligned}
g &= g(\sigma, F, M_x, M_y) \\
&= [\delta] - \left(\frac{F}{A\varphi\phi} + \frac{1}{1-\dfrac{F}{0.9P_{\mathrm{lin}x}}} \times \frac{C_{ox}M_{ox}+C_{hx}M_x}{W_x} + \right. \\
&\quad \left. \frac{1}{1-\dfrac{F}{0.9P_{\mathrm{lin}y}}} \times C_{my}\frac{|C_{oy}M_{oy}+C_{hy}M_y|}{W_y}\right) \\
&= 258 - \left(\frac{(591+60\delta_1)\times 10^3}{4\times 1114.7} + \frac{1}{1-\dfrac{591+60\delta_1}{0.9\times 6796.3}} \times \frac{(173+17\delta_3)\times 10^6}{2.68\times 10^6} + \right. \\
&\quad \left. \frac{1}{1-\dfrac{591+60\delta_1}{0.9\times 9960.8}} \times \frac{|-0.6\times 26.1+4.6+0.6\delta_4|\times 10^7}{1.33\times 10^6}\right)
\end{aligned}
\tag{4-32}
$$

令：

$$
\begin{cases} g = 0 \\ |\delta_1| = |\delta_3| = |\delta_4| \end{cases}
$$

利用一维优化算法，在标准化区间变量 δ_1、δ_3、δ_4 构成的三维空间中，通过坐标原点与顶点形成的 $2^{3-1}=4$ 条直线，与功能函数联立求解，可得臂架的稳定性非概率可靠性指标为：

$$\eta = 2.094$$

由 $\eta = 2.094 > 1$ 可知，臂架结构稳定性安全可靠。

以上履带式起重机臂架结构的强度、刚度、稳定性非概率可靠性指标都大于1，而且都有一定的余量，此臂架结构是安全可靠的。其中臂架结构的刚度可靠性指标余量最大，可见臂架结构一般不会发生刚度失效。而最接近1的是臂架的稳定性可靠性指标，所以臂架结构最容易发生稳定性失效。这也是为什么大量的文献在研究履带式起重机臂架结构的稳定性。

4.2.2 编程实现

4.2.2.1 VC++6.0 简介

20世纪90年代，美国微软公司针对 Windows 开发了一款应用程序——VC++

6.0。这款软件不仅能够对简化代码编写，更能简化整个程序的开发。通过 IDE 集成编程环境实现了可视化的开发模式。VC++6.0 是以 Windows 为基础环境进行开发的，由于该环境具有集成化、可视化的特点，可以开发出与 C、C++有关的各类程序软件。在此基础上，VC++还具备应用程序向导、项目工作区类操作向导等功能。另外，该程序还具备 MFC 类库，可以以类库为基础进行代码编写，能够大量缩短编码时间，创造人机交互界面也更加简单。

4.2.2.2　软件系统运行

书中履带式起重机臂架结构的静态非概率可靠性指标和时变非概率可靠性指标以及其他参数的求解是通过 Visual C++ 6.0 进行参数化编程实现的。

对话框界面如下，点击“静态可靠性计算”按钮，出现定义基本参数界面，定义所有计算用到的臂架基本参数，然后根据需要分别点击“强度可靠度计算”“刚度可靠度计算”“稳定性可靠度计算”，可依次得到臂架结构的强度、刚度、稳定性静态非概率可靠性指标。点击“时变可靠性计算”按钮，出现定义基本参数界面，定义所有计算用到的臂架基本参数，然后点击“时变可靠度计算”，就可以得到臂架结构的非概率时变可靠性指标。图 4-1 为程序主界面，图 4-2 为静态可靠度计算界面，图 4-3 时变可靠度计算界面。

图 4-1　程序主界面

履带起重机臂架结构非概率可靠性计算系统

输入参数

臂架长度L（mm） 12000
臂架仰角θ（°） 80
弦杆截面面积A（mm^2） 4458.8
危险截面抗弯模量Wx（mm^3） 2680000
危险截面抗弯模量Wy（mm^3） 1330000
危险截面惯性矩Ix（mm^4） 161000000
危险截面惯性矩Iy（mm^4） 393000000
弹性模量E（MPa） 210000
临界力Plinx（N） 6796300
临界力Pliny（N） 9960800

起重量均值Qc（t） 35
起重量离差Qr（t） 3.5
轴向力均值Fc（N） 591000
轴向力离差Fr（N） 60000
横向力均值Tc（N） 18000
横向力离差Tr（N） 2000
自重弯矩均值Myc（N·mm） 4600000
自重弯矩离差Myr（N·mm） 600000
横向力弯矩均值Mxc（N·mm） 173000000
横向力弯矩离差Mxr（N·mm） 17000000

输出参数

强度可靠度计算　强度非概率可靠度 2.2567901
刚度可靠度计算　刚度非概率可靠度 13.827790
稳定性可靠度计算　稳定性非概率可靠度 2.0941290

图 4-2　输入基本参数静态可靠度计算界面

图 4-3　输入基本参数时变可靠度计算界面

4.2.2.3　起重量变化对臂架非概率可靠性的影响

起重量取不同的值，臂架结构的非概率强度、刚度、稳定性可靠性指标列于表 4-3。

表 4-3　不同起重量对应的臂架结构非概率可靠性指标

项　目	数　值							
起重量/t	[18, 22]	[22.5, 27.5]	[27, 33]	[31.5, 38.5]	[36, 44]	[40, 50]	[45, 55]	[50, 60]
起重量均值/t	20	25	30	35	40	45	50	55
强度非概率可靠度	2.436	2.401	2.384	2.257	2.186	2.053	1.524	1.062
刚度非概率可靠度	15.337	14.925	14.376	13.828	11.673	7.542	4.751	1.951
稳定性非概率可靠度	2.219	2.171	2.135	2.094	1.813	1.625	1.325	0.975

为了更直观体现起重量变化对臂架结构强度、刚度、稳定性非概率可靠性指标的影响，进一步在图 4-4~图 4-6 中比较。

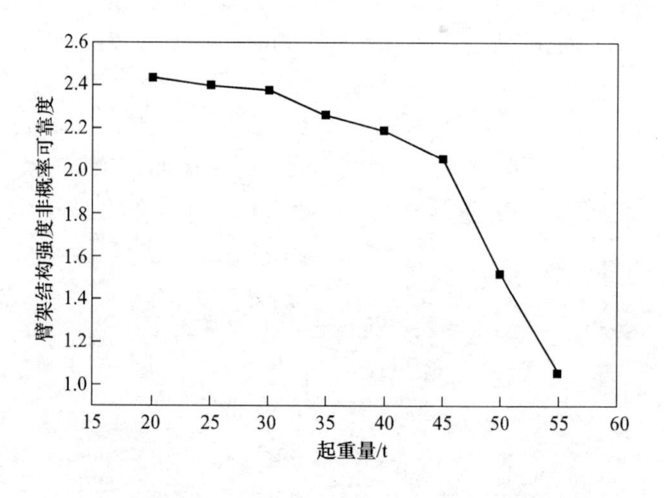

图 4-4　起重量对臂架强度非概率可靠性指标的影响

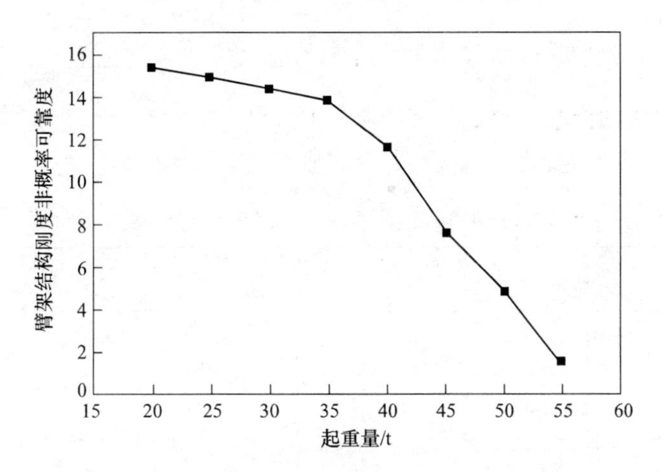

图 4-5 起重量对臂架刚度非概率可靠性指标的影响

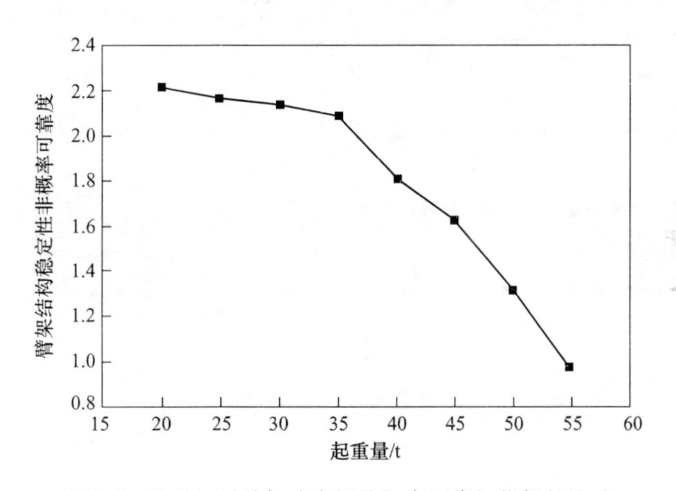

图 4-6 起重量对臂架稳定性非概率可靠性指标的影响

通过以上图表可以得出以下结论：

（1）随着起重量的增大，臂架的强度、刚度、稳定性非概率可靠性指标在降低，这与我们所预期的结果相吻合。当起重量低于最大起重量 35t 时，可靠性指标在增大；当起重量超过最大起重量 35t 时，可靠性指标在降低，一开始降低很缓慢，之后急速下降。

（2）臂架的强度、刚度、稳定性非概率可靠性指标分别为：2.257、13.828、2.094，都大于 1，所以说结构是安全的，这与非概率可靠性指标 η 的含义一致。

（3）当起重量均值为 55t 时，臂架的强度非概率可靠性指标很接近于 1，稳定性非概率可靠性指标甚至小于 1，此时的结构是不安全的，说明履带式起重机起吊重量超过额定起重量一定值时，对臂架是不利的。

4.2.2.4　区间分散性对可靠性指标的影响

为了研究区间分散性对臂架结构非概率可靠性指标的影响，取轴向力区间作为研究对象，当区间变化时对应的臂架非概率可靠性指标如表 4-4 所示。

表 4-4　不同轴向力区间对应的臂架结构非概率可靠性指标值

项　目	数　　值				
轴向力均值/kN	591	591	591	591	591
变化系数 α	0.08	0.09	0.1	0.11	0.12
轴向力离差/kN	47	53	60	65	71
轴向力区间/kN	[544, 638]	[538, 644]	[531, 651]	[526, 656]	[520, 662]
强度非概率可靠度	2.649	2.450	2.257	2.141	2.018
刚度非概率可靠度	14.198	14.016	13.828	13.701	13.582
稳定性非概率可靠度	2.531	2.315	2.094	1.973	1.852

通过分析轴向力区间变化对臂架结构强度、刚度、稳定性非概率可靠性指标的影响（见图 4-7~图 4-9），可以得出如下结论：

（1）随着变化系数 α 取值的增大，轴向力的区间增大，即轴向力的离差增大，臂架的强度、刚度、稳定性非概率可靠性指标都在降低。也就是说，参数的

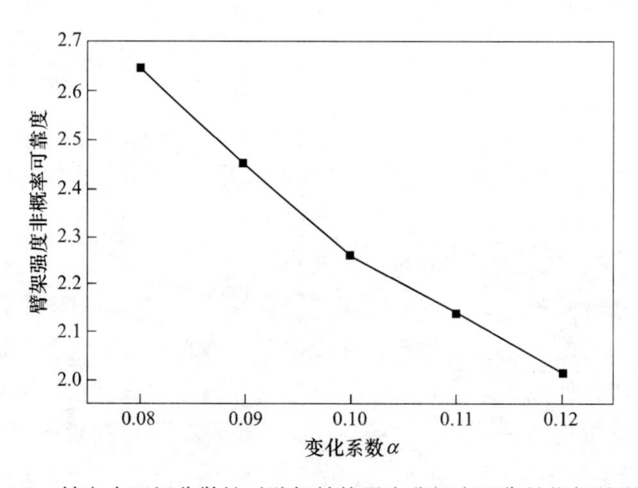

图 4-7　轴向力区间分散性对臂架结构强度非概率可靠性指标的影响

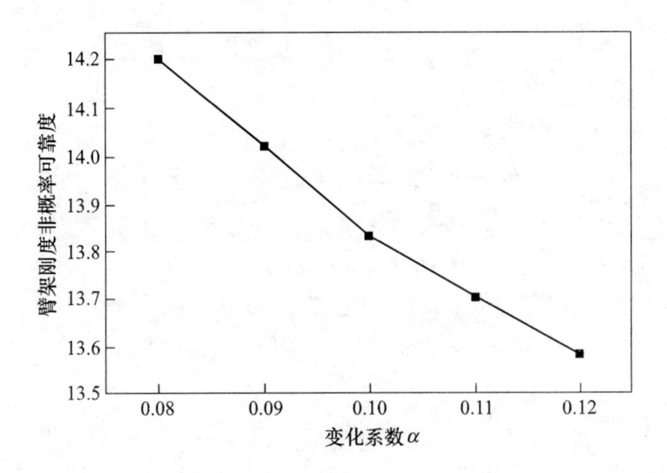

图 4-8 轴向力区间分散性对臂架结构刚度非概率可靠性指标的影响

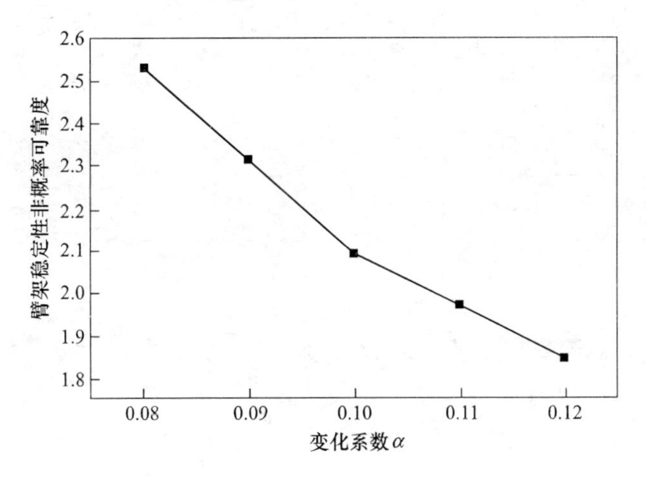

图 4-9 轴向力区间分散性对臂架结构稳定性非概率可靠性指标的影响

不确定性程度越高，结构就越危险。

（2）变化系数 α 不同，轴向力的区间不同，进而会影响臂架的可靠度，这说明，参数的不确定性势必对结构的安全性产生不利的影响。

4.2.3 臂架结构时变非概率可靠性

该履带式起重机的服役期为 30 年，取 $\Delta t = 0.1$ 年，考虑性能退化的影响，把臂架的抗力看做一个区间过程，其均值函数 $R^{c}(t)$ 随时间降低，半径函数 $R^{r}(t)$ 随时间增大。

臂架结构极限状态函数表示为：

$$g[R(t),\ S(t)] = R(t) - S[P,\ P_Q(t),\ P_W(t),\ P_H(t)] = 0 \quad t \in [0,\ T] \tag{4-33}$$

式中 $R(t)$ ——臂架的抗力；

P ——不随时间变化的载荷；

$P_Q(t)$ ——考虑时间效应的起升载荷；

$P_W(t)$ ——考虑时间效应的风载荷；

$P_H(t)$ ——考虑时间效应的惯性载荷。

根据履带式起重机的使用级别，我们取抗力退化速率 $k = 0.0005$，该履带式起重机服役 30 年，其抗力衰减系数、抗力均值、臂架结构区间非概率时变可靠性指标的值如表 4-5 所示。

表 4-5 臂架结构非概率可靠性指标随着服役时间的变化

项 目	数 值					
服役时间/年	5	10	15	20	25	30
抗力衰减系数 $\varphi(t)$	0.9925	0.9704	0.9347	0.8869	0.8290	0.7634
抗力值区间/MPa	[308, 373]	[301, 365]	[290, 351]	[275, 333]	[257, 312]	[237, 287]
抗力均值/MPa	340.5	333	320.5	304	284.5	262
非概率时变可靠性指标	2.411	2.291	2.112	1.842	1.491	1.076

为了更直观地体现臂架结构的抗力、非概率可靠性指标随着服役时间的变化，进一步作图 4-10~图 4-13 比较。

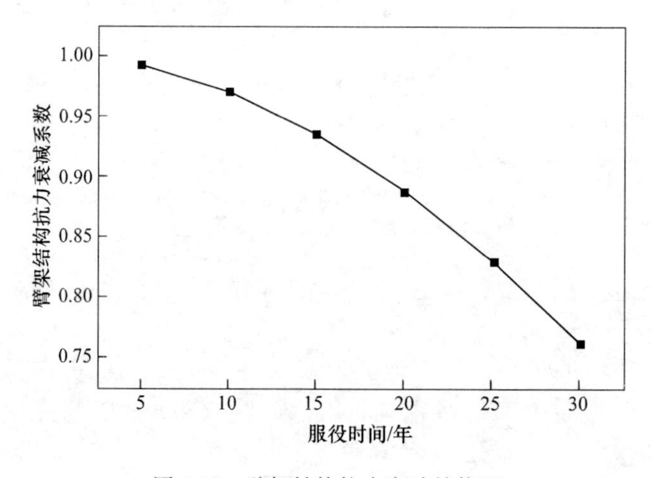

图 4-10 臂架结构抗力衰减趋势图

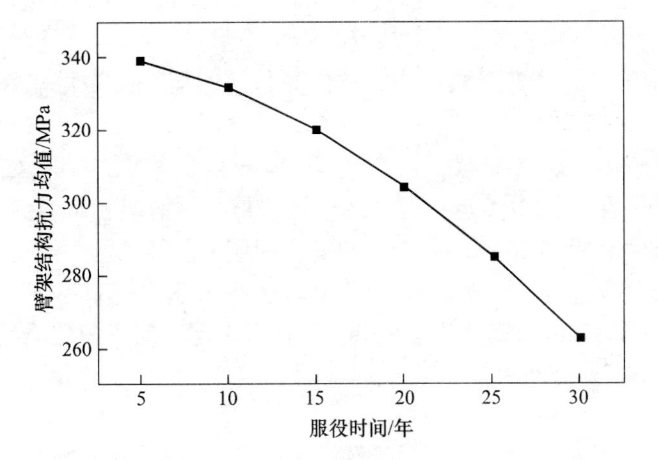

图 4-11 臂架结构剩余抗力值

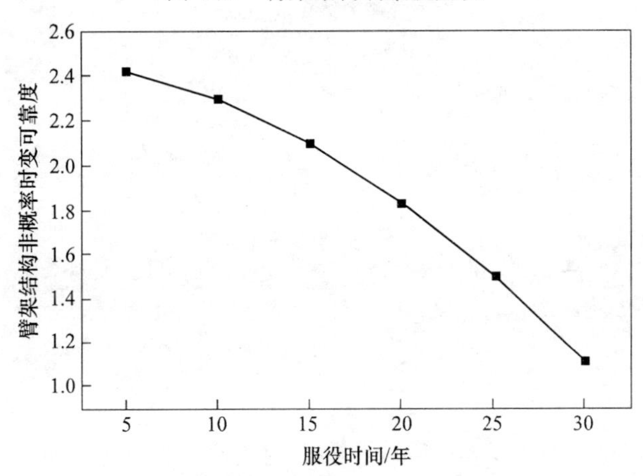

图 4-12 臂架结构的时变可靠性指标

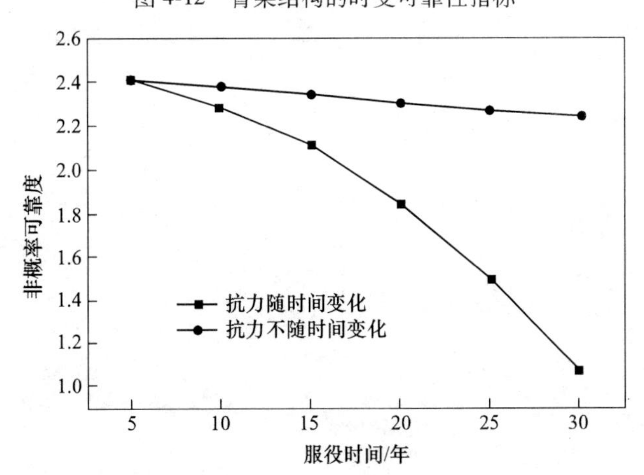

图 4-13 两种抗力对应的臂架结构可靠性指标对比

通过以上图标，可以得出以下结论：

（1）臂架结构的抗力衰减系数、抗力均值、非概率时变可靠性指标，随着时间的累积在逐渐降低。

（2）臂架结构的抗力衰减系数、抗力均值、非概率时变可靠性指标在0~15年退化很缓慢，在15~30年退化的很迅速，这与实际情况相符合，在服役30年之后，抗力均值衰减到262MPa，与材料的许用应力值很接近。

（3）臂架结构考虑抗力随时间变化的时变可靠性比抗力不随时间变化的静态可靠性在每个时刻的可靠性指标要低，因此，考虑时间累积效应所得到的可靠性指标更加科学合理，也更加符合工程实际。

5 凸模型结构非概率可靠性分析及其应用

20 世纪 90 年代，Elishakoff 和 Ben-Haim 提出采用非概率凸集合模型描述结构的不确定性，仅需要知道不确定参数变异界限，用凸域描述为有界不确定性变量，凸域的大小反映不确定事件的波动性，凸域的形状反映该不确定事件的已知程度。1994 年，Ben-Haim 首次在凸集合模型基础上提出了非概率可靠性概念。1995 年，Ben-Haim 进一步提出度量可靠性的方法，是对不确定性鲁棒性的度量。Elishakoff 将非概率可靠性和不确定参变量都视为在一区间内变化的值，不是特定的数值，对这一概念提出了一种可能的度量方法。1998 年，Ganzerli 和 Pantelides 提出了椭球凸集合模型的建模方法，并对两种特殊模型进行了比较。国内学者在非概率可靠性方面做了大量工作，但整体处于起步阶段。郭书祥等提出了一种非概率可靠性模型，以区间数描述结构参数进而分析可靠性。曹鸿钧等提出了一种非概率可靠性指标算法，该方法考虑椭球模型与区间模型共存的情况。Jiang 等对区间非概率可靠度的算法做出了相对完善的研究，提出了几种优化方法。Kang 等考虑了结构参数的随机性和不确定性，同时用概率和凸模型描述，并给出了相应的可靠性指标算法。

目前，非概率可靠性理论还没有完善的体系，一是非概率可靠性指标的定义标准不统一；二是可靠性指标的求解不成熟；三是利用非概率可靠性的应用还有待发掘。非概率可靠性指标的定义主要有安全区间指标、最小无穷范数可靠性指标、应力强度干涉模型的非概率可靠性指标、广义无穷范数可靠性指标。

结构复杂的系统样本数据难以获得而又要求高可靠性时，传统可靠性方法不适用。如对航空航天、大型建筑、桥梁与隧道、重型机械装备、海上石油平台等进行可靠性分析时，难度系数较大，非概率可靠性正好解决了这一问题，只需要结构参数上下限。作为一种新兴的可靠性分析方法，很多学者对其进行了研究分析。对可靠性指标的求解方法主要有定义法、组合法、转换法、优化法和截断法，这五种计算方法针对用区间模型描述的不确定变量的求解相对完善。对于极限状态方程简单的，可用定义法很方便地求解；当极限状态方程较为复杂时，再用定义法求解会影响其计算效率，可用优化法等进行计算；当极限状态方程中基本变量的增减特性明显时，也可用转换法进行求解。对于用椭球凸模型描述结构中不确定变量的可靠性求解，需要建立更一般的求解算法以适用于非概率可靠性指标的求解。

5.1　凸模型与非概率可靠性基本理论

在传统概率可靠性研究中，参数通常作为随机变量，设定其服从某种分布，如泊松分布、对数正态分布等。在实际工程中，要获得准确的对应分布函数的概率密度函数需要大量的实验数据。然而由于各种因素，样本数据的获得往往难以顺利进行，或者仅获得一部分参数，有的参数信息可能是不正确的。鉴于数据信息的不完整，在此基础上的计算是不可靠的，甚至是不正确的。

采用凸集合模型来描述不确定变量能有效解决上述问题。当参数精确的概率分布难以获得，但其幅值或界限容易确定时，可采用凸集合模型来描述系统中的有界不确定性参数。常用的两类非概率凸模型为“区间”和“椭球”模型。本章从凸集合理论出发，对其进行了详细的描述，并介绍了相关的可靠性指标，给出了计算方法。

5.1.1　凸模型基本理论

若 S 表示二维空间中的一个点集，在点集 S 内的所有加权平均点也都属于 S，则 S 就是凸集。换言之，如果 x 和 y 都是 S 中的点，则对任一数 $\beta(0 \leqslant \beta \leqslant 1)$，点 $z=\beta x+(1-\beta)y$ 也属于 S。凸集中的每一个元素表示一个不确定事件的可能实现，凸模型是函数或者向量的凸集合。凸模型是用集合的概念对参数进行描述，参数的界限已知。目前，用于描述工程中复杂不确定事件的凸模型在几何上可统称为多椭球模型，区间模型和椭球模型是其中的两种特例。

在工程实际中，不确定参数之间并不都是相互独立的，不同问题分析时考虑的参数也不尽相同，单纯用区间模型描述参数是不合理的。参数间的相关性可以在“多维椭球”体内显现出来，即椭球模型。对于含 n 个不确定参数的向量 $\boldsymbol{X}=(X_1, X_2, \cdots, X_n)$，用一个超椭球集合来界定，即：

$$\boldsymbol{X} \in \boldsymbol{E}=\{(X-X^0)^T \boldsymbol{G}_i (X-X^0) \leqslant 1\} \quad (i=1, 2, \cdots, n) \tag{5-1}$$

式中　X^0——中心点；

$\boldsymbol{G}_i$——多维椭球的特征矩阵，具有对称正定性，确定了多维椭球的形状。

$\boldsymbol{G}_i$ 可通过对已有的数据样本进行分析获得。特征矩阵 $\boldsymbol{G}_i$ 的定义如下：

$$\boldsymbol{G}_i=\begin{bmatrix} g_{11} & g_{12} & \cdots & g_{1n} \\ g_{21} & g_{22} & \cdots & g_{2n} \\ \vdots & \vdots & \vdots & \vdots \\ g_{n1} & g_{n2} & \cdots & g_{nn} \end{bmatrix} \tag{5-2}$$

以含两个变量的椭球凸模型（图 5-1）为例，其中参数的变化界限在一确定区间内，则极限状态方程在椭球凸域上的取值范围确定，中心点 $g^C(X)$ 和区间半径 $g^r(X)$ 分别为：

$$
\begin{aligned}
g^C(X) &= (g^L(X) + g^U(X))/2 \\
g^r(X) &= (g^U(X) - g^L(X))/2
\end{aligned}
\tag{5-3}
$$

式中　$g^U(X)$ ——上限；

$g^L(X)$ ——下限。

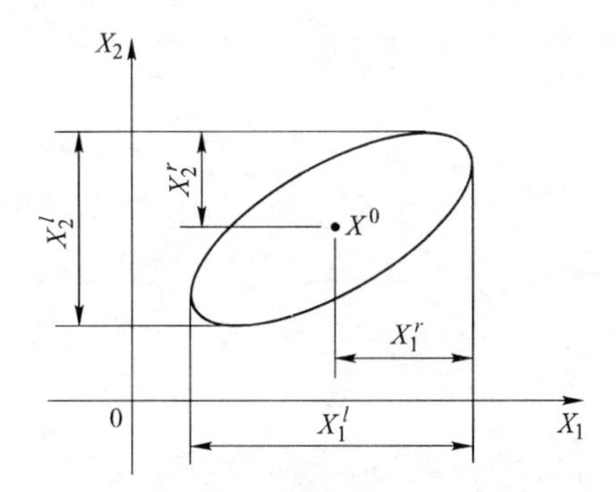

图 5-1　含两个变量的椭球凸模型

为了保证有统一的度量指标，对于用椭球凸模型描述结构可靠性方便计算，需要进行线性变换，得到标准空间下的椭球集合。标准化过程如下，先对正定矩阵 $\boldsymbol{G}_i$ 进行特征分解：

$$\boldsymbol{G}_i = \boldsymbol{Q}_i^T \boldsymbol{\Lambda}_i \boldsymbol{Q}_i \tag{5-4}$$

式中　$\boldsymbol{\Lambda}_i$，$\boldsymbol{Q}_i$ ——对角阵。

引入标准化向量 u_i ：

$$u_i = \boldsymbol{\Lambda}_i^{1/2} \boldsymbol{Q}_i (X_i - X_i^0) \quad (i = 1,\ 2,\ 3,\ \cdots,\ n) \tag{5-5}$$

则原凸集合 E 可转换为单位超球凸集合 E_C ：

$$u \in E_C = \{u_i^T u_i \leqslant 1\} \quad (i = 1,\ 2,\ 3,\ \cdots,\ n) \tag{5-6}$$

不确定参数标准化后，相应的极限状态方程也由标准向量表示。用 $g(u) = 0$ 来表示结构的极限状态曲面，该方程将标准化区间划分成安全域(对应 $g(u)>0$)和失效域（对应 $g(u)<0$）两部分。

5.1.2　基于凸集合的非概率可靠性理论

由于凸集合描述的模型不考虑概率的因素，只描述参数界限，因此基于凸集合的非概率可靠性理论与概率可靠性理论或模糊可靠性理论有较大差异。本节介绍两种有代表性的非概率可靠性模型。

5.1.2.1　最小无穷范数模型

当用区间变量表述不确定参变量时，设向量 $\boldsymbol{X}=(x_1,\ x_2,\ \cdots,\ x_n)$ 表示某参数的区间变量集合，$M=g(X)=g(x_1,\ x_2,\ \cdots,\ x_n)$ 是根据结构失效准则获得的功能函数，若 $g(X)$ 为一连续函数时，则由 $g(X)$ 获得的 M 也是一区间变量。设其均值为 M^c，离差为 M^r，则结构的非概率可靠度可表示为：

$$\eta = M^c / M^r \tag{5-7}$$

式（5-7）为用区间模型描述不确定变量时，非概率可靠性的一般定义。为方便计算，郭书祥等提出了基于区间变量更为适用的非概率可靠性指标。

设 $\boldsymbol{X}=(x_1,\ x_2,\ \cdots,\ x_n)$ 为独立的区间数组成的不确定参数的向量，由结构失效准则确定的功能函数为：

$$M = g(X) = g(x_1,\ x_2,\ \cdots,\ x_n) \tag{5-8}$$

对式（5-8）中的参数标准化，则有 $\delta=(\delta_1,\ \delta_2,\ \cdots,\ \delta_n)\in C_\delta=\{\delta:|\delta_i|\leqslant 1\}$，$C_\delta\subset C_\delta^\infty=\{\delta:\ \delta_i\in(-\infty,+\infty),\ i=1,\ 2,\ \cdots,\ n\}$，其中 C_δ 是由向量 δ 张成的对称凸域，C_δ^∞ 是 C_δ 在无限空间中的扩展。将正则化的向量代入功能函数，得到 C_δ 与 C_δ^∞ 空间中的失效面，即

$$M = g(\delta) = g(\delta_1,\ \delta_2,\ \cdots,\ \delta_n) \tag{5-9}$$

则非概率可靠性指标为：

$$\eta = \min(\|\delta\|_\infty) \tag{5-10}$$

其中 $\delta=(\delta_1,\delta_2,\cdots,\delta_n)$ 为正则化区间变量，$\|\delta\|_\infty=\max\{|\delta_1|,\ |\delta_2|,\ \cdots,\ |\delta_n|\}$ 是正则化区间向量的最小无穷范数。式（5-10）为基于区间变量非概率可靠性的扩展定义，在标准化区间变量的扩展空间中，从坐标原点到失效面按 $\|\cdot\|_\infty$ 度量最短距离。从几何上讲，若 $\eta>1$，结构的基本区间变量取值范围与失效域不相交，结构是可靠的；若 $\eta=1$，凸区域和失效曲面相切，结构处于临界状态，若 $0<\eta<1$，理论上认为结构不可靠。

5.1.2.2　广义无穷范数模型

用区间变量描述的参数之间不具有相关性，故而将针对区间变量的的无穷范数扩展到椭球模型中。

将不确定参数按照其相关性分为 m 组，若每组向量中只有一个元素，显然退化为区间模型；若有大于等于两个不确定参数时，用椭球模型描述。为方便统一

仍需进行标准化处理，之后采用广义无穷范数定义非概率可靠性指标 η 为：

$$\eta = \operatorname{sgn}(g(0))g\min_{u:g(u)=0}(\|u\|_{\infty})$$

$$= \operatorname{sgn}(g(0))g\min_{u:g(u)=0}(\max(\sqrt{u_1^Tu_1},\sqrt{u_2^Tu_2}),\cdots,\sqrt{u_n^Tu_n}) \tag{5-11}$$

如图 5-2 所示，用 $\|u\|_G = 1$ 表示椭球集合的边界，设临界失效点 A 表示原点到极限状态曲面距离最短的点，其长度为 η，决定了结构允许的最大不确定性程度。式中 sgn(g) 为正负号函数，根据极限状态方程确定，根据取值中心点处的值代入计算，该点处符号与 η 正负号一致；μ 为单位超球空间向量。显然，当 $\eta > 1$ 时，结构可靠。

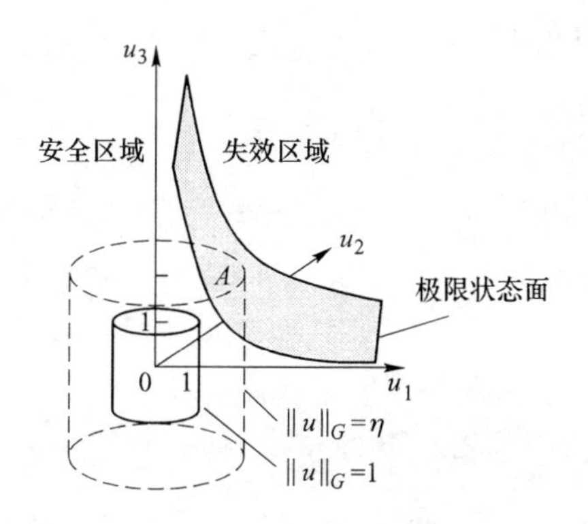

图 5-2 非概率可靠性度量指标示意图

5.1.3 非概率可靠性指标的求解

非概率可靠性理论是在非概率集合的基础上提出的，采用集合的概念描述结构中的不确定参变量。由上述分析可知，最简单的凸模型为区间模型，用区间数描述不确定性，参数间取值互不影响。当需要考虑相关性时，用椭球凸集合描述，尤其是结构复杂且不确定参数较多的情况。

就区间范数模型和广义无穷范数模型而言，可靠性指标从本质上讲都是由参数所在区域来定义的。非概率可靠性指标求解可视作一求最优解的过程，约束条件由极限状态方程确定，针对概率问题的优化算法可以扩展到非概率中。只要概率问题中的优化算法不涉及概率的含义，就可以通过适当的变形处理，应用于非概率可靠性指标的求解。

5.1.3.1 非概率凸集合的 Monte-Carlo 模拟法

Monte-Carlo 模拟法是一种直接分析方法，本质上是数值模拟的过程。Monte-Carlo 模拟法思路明确，不受极限状态方程形式的制约，计算结果较为准确，稳健性强。但是也有缺点制约其的应用，如计算量大、效率低等。概率可靠性中常用的抽样方法有一般抽样法、直接重要抽样法、方向抽样法、子集模拟法等。

概率可靠性理论中，可靠性指标是原点到极限状态曲面的最短距离，所用的抽样方法都是在验算点附近进行抽样。在非概率可靠性中的应用，也要寻找验算点，在广义无穷范数的定义下，设计点存在于一凸集合上，非概率可靠性指标的值可以是该凸集尺寸。Monte-Carlo 模拟法应用于非概率可靠性中就是要确定该凸集的尺寸大小。非概率可靠性指标的获得总是在一凸集上，只要不确定参数在凸集所包含的范围内抽取样本点，得到的结构功能函数值大于零，结构就是绝对安全的。非概率凸集合的 Monte-Carlo 模拟法应根据非概率可靠性指标的特征，建立合适的抽样方法。

由广义无穷范数模型的非概率可靠性指标定义知，已设定指标的下限是"1"，即基本参变量所在区域。可靠性指标的上限是结构能承受的最大不确定程度，其值的确定可以根据某一失效点的广义无穷范数值来确定。假设结构在某点处失效，则结构功能函数 $g(x) < 0$，设该向量 x 的广义无穷范数是 η_x，此时的 η_x 代表结构已失效。所以结构的不确定程度一定比 η_x 小，也就是非概率可靠性指标的上限比 η_x 小。该失效点的选取可以是随机的，为了提高效率，这里提供一个较为简单实用方法。前述可知，结构的不确定参数在一单位凸集合内，若有一个凸点，即某一参数变化程度较大超出了集合范围，这时采用增加不确定性的方法解决，即增大这一参数所在的凸集合，若为区间变量，向两端抽样寻找失效点；若为椭球凸集合时，增大该椭球的半径，在增大后的椭球表面进行抽样寻找失效点。当非概率可靠性指标的上下限都确定好之后，在由下限和上限组成的环形体内进行抽样，此为直接抽样法。为了增加抽样效率，可在由上限确定的凸集合表面进行抽样，因为在靠近下限的环处抽样是没有意义的，随着上限的不断缩小，依次在缩小的凸集合表面抽样。非概率凸集合 Monte-Carlo 模拟法的具体流程如图 5-3 所示。

5.1.3.2 非概率凸集合的优化算法

在用区间模型描述的非概率可靠性指标求解分析中，可以直接通过区间的数学运算及无穷范数的性质求解。但由于区间的扩张，或者极限状态功能函数的非线性较强时，区间运算难以进行。Monte-Carlo 法的适用性较为广泛，但是当结构的失效概率较小时，在凸集合内进行抽样和模拟的工作量较大。非概率可靠性指标的求解也是一优化问题，本书采用直接迭代法求解。由式（5-11）知广义无穷范数定义的非概率可靠性指标优化形式为：

$$\begin{cases}\eta = \mathrm{sgn}(g(0))\min\sqrt{\mu^T\mu} \\ \text{s.t. } g(\mu) = 0\end{cases} \tag{5-12}$$

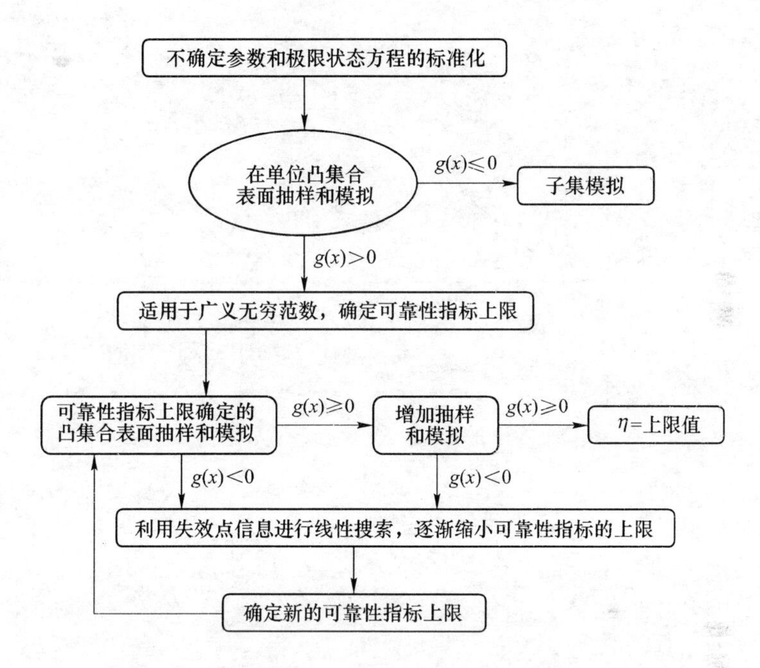

图 5-3 非概率可靠性分析 Monte-Carlo 模拟法流程图

迭代法都需要给定迭代点，由已知点出发寻找下一个迭代点。下面简要给出迭代过程。设 $u^{(k)}$ 是第 k 次迭代的点，$\alpha^{(k+1)}$ 为迭代方向，根据式（5-11），构造 $k+1$ 次迭代点的方向为曲面上 $u^{(k)}$ 处的负梯度向量，即

$$\alpha^{(k+1)} = -\left\{\left(\frac{\nabla g(u_1^{(k)})}{\|\nabla g(u_1^{(k)})\|}\right)^T, \left(\frac{\nabla g(u_2^{(k)})}{\|\nabla g(u_2^{(k)})\|}\right)^T, \cdots, \left(\frac{\nabla g(u_n^{(k)})}{\|\nabla g(u_n^{(k)})\|}\right)^T\right\}^T \tag{5-13}$$

式中，$\nabla g(u_i^{(k)}) = \partial g/\partial u_i \mid u_i = u_i^{(k)}$ 。

迭代点方向满足 $\|\alpha^{(k+1)}\|_G = 1$，并有：

$$u^{(k+1)} = \eta^{(k+1)}\alpha^{(k+1)} \tag{5-14}$$

标准空间中非概率可靠性指标迭代过程如图 5-4 所示。

第 $k+1$ 次迭代点方向确定后，η^* 的值对非线性方程一维搜索获得，为了加快搜索速度，节省时间，需要对极限状态方程进行变换，在 $u^{(k)}$ 点进行近似线性化处理，使下一个迭代点 $u^{(k+1)}$ 也能满足该线性化，结合式（5-14）得到：

$$g(u^{(k)}) + \nabla g(u^{(k)})^T(\eta^{(k+1)}\alpha^{(k+1)} - u^{(k)}) = 0 \tag{5-15}$$

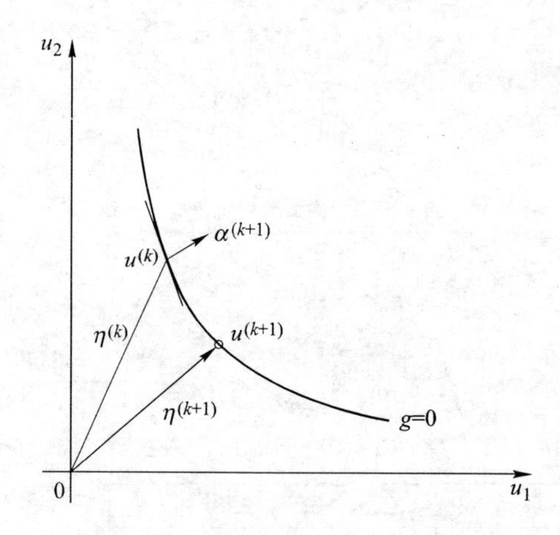

图 5-4　标准空间中非概率可靠性指标迭代过程示意图

令：

$$S = -\nabla g\left(u^{(k)}\right)^T \alpha^{(k+1)} = \sum_{i=1}^{n} \frac{\nabla g\left(u_i^{(k)}\right)^T \nabla g\left(u_i^{(k)}\right)}{\left\|\nabla g\left(u_i^{(k)}\right)\right\|} = \sum_{i=1}^{n} \left\|\nabla g\left(u_i^{(k)}\right)\right\| \tag{5-16}$$

则有：

$$S = -\nabla g\left(u^{(k)}\right)^T \alpha^{(k+1)} = \sum_{i=1}^{n} \frac{\nabla g\left(u^{(k)}\right)^T u^{(k)} - g\left(u^k\right)}{\nabla g\left(u^{(k)}\right)^T \alpha^{(k+1)}} = -\frac{\nabla g\left(u^{(k)}\right)^T u^{(k)} - g\left(u^k\right)}{S} \tag{5-17}$$

因此，构造的迭代算法如下：

$$\begin{aligned} u^{(k+1)} &= \left\{\left(u_1^{(k+1)}\right)^T,\ \left(u_2^{(k+1)}\right)^T,\ \cdots,\ \left(u_n^{(k+1)}\right)^T\right\}^T \\ &= \frac{\nabla g\left(u^{(k)}\right)^T u^{(k)} - g\left(u^k\right)}{S} \begin{Bmatrix} \dfrac{\nabla g\left(u_1^{(k)}\right)}{\left\|\nabla g\left(u_1^{(k)}\right)\right\|} \\ \dfrac{\nabla g\left(u_2^{(k)}\right)}{\left\|\nabla g\left(u_2^{(k)}\right)\right\|} \\ \vdots \\ \dfrac{\nabla g\left(u_n^{(k)}\right)}{\left\|\nabla g\left(u_n^{(k)}\right)\right\|} \end{Bmatrix} \end{aligned} \tag{5-18}$$

综合上述计算式，给出直接迭代法的程序框图，如图 5-5 所示。

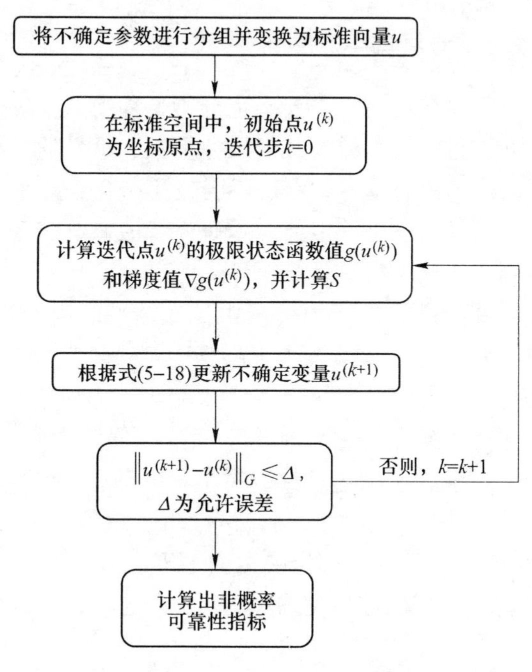

图 5-5 直接迭代法流程图

5.2 基于凸模型的起重机臂架结构非概率可靠性研究

对履带式起重机臂架进行分析研究时，一般将其所受外载荷看做固定的值进行计算，遵循规定的刚度计算准则进行计算，显然这种方法存在一定弊端。由于复杂的工作环境，人为或客观因素的影响，臂架的起升载荷、冲击系数等都不是确切的数值，存在着随机性、模糊性和不确定性。若单一的以确定值对臂架进行分析研究，不考虑参数的波动性，求解的可靠性是无意义的。臂架作为履带式起重机的重要承载部件，其安全可靠性直接影响整机的可靠性。若采用随机理论或模糊理论进行分析计算，则需要大量的数据样本去确定分布函数或者隶属度函数，而履带式起重机作为重型特种设备，鉴于其自身结构及工作特性，往往是小批量生产，或者根据客户需要特制，导致在样本数据的获取方面非常困难。基于凸集合的非概率可靠性理论，很好地解决了因缺乏样本数据而难以计算结构可靠性的问题，不再依赖于传统的概率可靠性或模糊可靠性。这种非概率可靠性理论采用凸集合描述参数，只需要知道参数的变化界限，就可进行非概率可靠性分析。现如今，在航空航天领域及大型建筑设施中，已经较多地应用可靠性的非概率理论计算其可靠度或者进行安全评估。本节我们将基于凸集合的非概率可靠性理论应用于臂架结构的强度、刚度、稳定性的非概率可靠性计算。

5.2.1 臂架非概率可靠性计算中的不确定参数

分析臂架的非概率可靠性时，需要确定分析过程中的不确定参数。臂架结构的参数分为三类，即材料特性参数、几何尺寸参数、承受的载荷参数。材料特性和几何尺寸是臂架结构的固有属性，一般不会发生变化，而承受的载荷由于环境因素的影响是一个范围值，不是确定值。本研究考虑臂架所受的外载荷作为不确定参数进行臂架结构的非概率可靠性分析。

按载荷组合Ⅱ对臂架进行的受力分析中，变幅平面内的自重载荷 F_1、起升载荷 P_Q 、起升绳拉力 P_{sh} 、变幅滑轮组拉力 P_g 都是不确定变量，为简化计算，力 F_1、P_Q 、P_{sh} 和 P_g 的合力与轴向压力 N 大小相等，方向相反，在变幅平面内的力用合力 N 表示，也是不确定变量。旋转平面的横向力由侧向集中力 T 表示，T 也是不确定参数。N 、T 都为不确定参数，在非概率可靠性理论中，通过确定不确定参数的变异界限对其进行可靠性分析。设二者的取值范围为 $N \in [N^l,\ N^u]$ ，$T \in [T^l,\ T^u]$ ，其中 N^l、T^l 为不确定变量的下界，N^u、T^u 为不确定变量的上界。二者的名义值为 T^0、N^0，用椭球模型描述为：

$$(X - X^0)^T G(X - X^0) \leqslant 1^2 \tag{5-19}$$

式中 X ——含两个不确定变量的向量，$X = [T \quad N]^T$ ；

X^0 ——不确定向量的中心点，$X^0 = [T^0 \quad N^0]^T$ ；

G ——一 2×2 的正定矩阵。

为方便计算，需将此二维空间中的椭球模型进行线性变换转化为标准空间中的椭球集合。对正定矩阵 G 进行特征分解 $G = Q^T \Lambda Q$ ，其中 Λ 为对角阵，Q 为正交矩阵。引入标准化向量 $u = [u_1 \quad u_2]^T$ ，其转换式为 $u = \Lambda^{1/2} Q(X - X^0)$ 。上述过程即为椭球凸模型的标准化，标准化后的凸集合可转换为 u 空间内的单位超椭球凸集合，即式（5-19）变为 $u^T u \leqslant 1$。同时由不确定变量 N 、T 表示结构极限状态方程转化为标准空间中的极限状态方程 $g(u) = 0$。

标准化向量 u 的确定由对角阵 Λ 、正交矩阵 Q 及不确定参数椭球模型的中心点 X^0 确定，即当正定矩阵 G 确定时，标准化向量 u 就可以唯一确定。特征矩阵 G 为一 2 × 2 的数值矩阵，中心点 X^0 也为数值，所以含 u_1、u_2 的 T、N 表达式为：

$$\begin{aligned} T &= \nu(u_1,\ u_2) \\ N &= \nu^{\#}(u_1,\ u_2) \end{aligned} \tag{5-20}$$

式中 ν，$\nu^{\#}$ ——相应的运算法则，由式 $u = \Lambda^{1/2} Q(X - X^0)$ 及其中的参数确定。

5.2.2 臂架强度非概率可靠性计算准则

在前述的基础上，臂架结构的强度校核准则已经给出，臂架结构的强度失效

功能函数为:

$$Y = [\sigma]_{\mathrm{II}} - \sigma = [\sigma]_{\mathrm{II}} - \frac{N}{A} - \frac{M(x)}{W_z\left(1 - \frac{N}{0.9N_{cr}}\right)} \tag{5-21}$$

式中 $M(x)$——距离臂架根部 x 处的截面弯矩值，不考虑副臂在主臂端部引起的力矩 M_L，则 $M(x)$ 为:

$$M(x) = T(L - x) \tag{5-22}$$

以横向载荷 T、轴向载荷 N 作为不确定参数进行可靠性分析，则臂架强度非概率功能函数为:

$$g(u) = [\sigma]_{\mathrm{II}} - \frac{\nu^{\#}(u_1, u_2)}{A} - \frac{\nu(u_1, u_2)(L - x)}{W_z\left(1 - \frac{\nu^{\#}(u_1, u_2)}{0.9N_{cr}}\right)} \tag{5-23}$$

式（5-23）中除不确定参数 T、N 由标准化向量 u 表示外，其余参数均在第3章进行了详细说明。根据广义无穷范数定义的结构非概率可靠指标，考虑此为单椭球模型，所以臂架刚度非概率可靠性指标为:

$$\eta = \mathrm{sgn}(g(0))g \min_{u:g(u)=0} (\sqrt{u^T u}) \tag{5-24}$$

式中 $\mathrm{sgn}(g(0))$——正负号函数，由式（5-24）确定。

该非概率可靠性指标可以量化地评估结构不确定性程度。$\eta > 1$，结构安全可靠，η 值越大，可靠性程度越高；$\eta = 1$，不确定参数在的凸集合区域和失效区域相交或者相切，结构可能失效，也可能不失效；$-1 < \eta < 1$，凸集合中有一个非空子集在失效区域内；$\eta \leqslant -1$，凸集合全部在失效域内，这两种情况，结构都失效。

根据如下优化模型，求解出 η 值。

$$\begin{cases} \eta = \mathrm{sgn}(g(0)) \min \xi \\ \text{s.t. } g(u) = [\sigma]_{\mathrm{II}} - \dfrac{\nu^{\#}(u_1, u_2)}{A} - \dfrac{\nu(u_1, u_2)(L - x)}{W_z\left(1 - \dfrac{\nu^{\#}(u_1, u_2)}{0.9N_{cr}}\right)} \\ \sqrt{u_1^2 + u_2^2} \leqslant \xi \end{cases} \tag{5-25}$$

5.2.3 臂架刚度非概率可靠性计算准则

在前述的基础上，臂架结构的刚度校核准则已经给出，当结构的许用刚度小于计算刚度时，结构不安全，由此得到臂架的刚度失效功能函数为：

$$\begin{aligned} Y(T, N) &= [f] - f \\ &= [f] - \frac{TL^3}{3EI_z} \bigg/ \left(1 - \frac{N}{0.9N_{cr}}\right) \end{aligned} \tag{5-26}$$

以横向载荷 T 、轴向载荷 N 作为不确定参数进行可靠性分析，则臂架刚度非概率功能函数为：

$$g(u) = [f] - \frac{\nu(u_1, u_2)L^3}{3EI_z} \bigg/ \left(1 - \frac{\nu^{\#}(u_1, u_2)}{0.9N_{cr}}\right) \tag{5-27}$$

式（5-27）中除不确定参数 T 、N 由标准化向量 u 表示外，其余参数均在第 3 章进行了详细说明。和强度非概率可靠性计算一样，由臂架的刚度非概率失效功能函数、广义无穷范数定义的非概率可靠指标及可靠性指标的求解优化模型，即可求出臂架强度的非概率可靠度。

5.2.4　臂架整体稳定性非概率可靠性计算准则

由式（3-17）整体稳定性的校核准则得到稳定性失效准则为：

$$Y = [\sigma]_{\text{II}} - \sigma = [\sigma]_{\text{II}} - \frac{N}{\varphi A} - \frac{M_z}{\left(1 - \frac{N}{0.9N_{cr}}\right) W_z} \tag{5-28}$$

式中　M_z ——臂架绕 z 轴的弯矩。

不考虑副臂架在臂端的力矩，以横向载荷 T 、轴向载荷 N 作为不确定参数，其余参数均按第 3 章所述进行非概率可靠性分析，则危险截面的臂架稳定性非概率功能函数为：

$$g(u) = [\sigma]_{\text{II}} - \frac{\nu^{\#}(u_1, u_2)}{\varphi A} - \frac{\nu^{\#}(u_1, u_2)(f' - y) + \nu(u_1, u_2)(L - x)}{\left(1 - \frac{\nu^{\#}(u_1, u_2)}{0.9N_{cr}}\right) W_z} \tag{5-29}$$

和强度非概率可靠性计算一样，由臂架整体稳定性的非概率失效功能函数、广义无穷范数定义的非概率可靠指标及可靠性指标的求解优化模型，即可求出臂架稳定性的非概率可靠度。

综上所述，基于椭球凸模型进行履带式起重机臂架强度、刚度、稳定性非概率可靠性分析的流程图如图 5-6 所示。

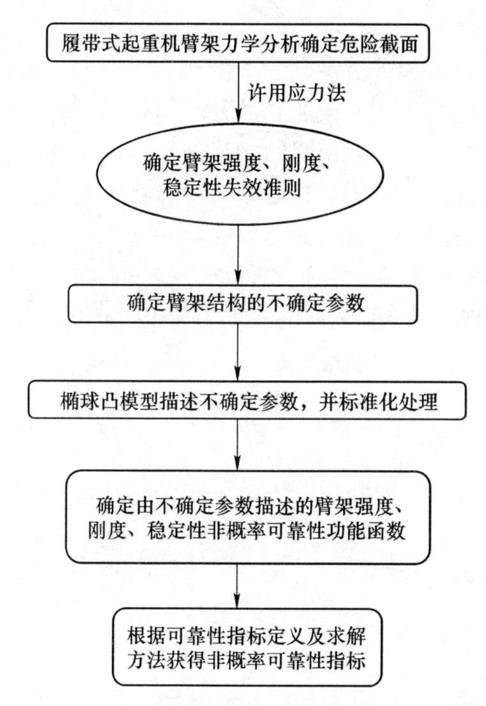

图 5-6 臂架强度、刚度、稳定性非概率可靠性计算流程图

5.3 工程实例

5.3.1 臂架算例

某履带式起重机臂架，其最大额定起重量为 100t，弦杆材料为 16Mn 钢管，屈服极限为 $\sigma_s = 345\text{MPa}$，腹杆材料为 Q235 钢，屈服极限为 $\sigma_s = 235\text{MPa}$。弦杆与腹杆材料密度、弹性模量、泊松比相同，材料密度为 7850kg/m^3、弹性模量 $E = 2.06 \times 10^5\text{MPa}$、泊松比 $\mu = 0.3$，已知主臂长 $L = 60\text{m}$，在距臂架根部 5.1m 处有加强杆，臂架自重 $G = 10.8\text{t}$，起升载荷 $Q = Q_0 + G_0 = 17.5\text{t}$，主臂的截面参数见表 5-1。

表 5-1 主臂截面参数

项　目	数　值
吊臂最大倾角 $\mu_{max}/(°)$	80
弦杆总的断面积 A/mm^2	1.052×10^4
断面惯性矩 I_z/mm^4	6.71×10^9
断面抗弯截面模量 W_z/mm^3	7.92×10^6

对履带式起重机臂架进行非概率可靠性分析时，先对臂架的参数进行分析，包括材料参数、几何参数和载荷参数。本例认为材料的几何特性和材料属性是不变的，考虑客观因素的影响，臂架所受的外载荷不是一确定值，它们的变差范围是基本可以确定的，并且考虑载荷对结构强度、刚度、稳定性的影响不是单一变化的，有一定的相关性，所以用椭球凸模型进行描述来分析臂架结构的非概率可靠性。

对本例中的起重机臂架受力分析，臂架在变幅平面内所受的垂直载荷、起升绳拉力、变幅滑轮组拉力用轴向压力 N 代替，其变化范围为 $N \in [768, 752]$kN；在旋转平面承受的惯性载荷、风载荷、臂端力矩由臂端总侧向力 T 代替，取值范围为 $T \in [11, 13]$kN，得二者的中心点值为：

$$\begin{cases} T^0 = \dfrac{11 + 13}{2} = 12\text{kN} \\ N^0 = \dfrac{768 + 752}{2} = 760\text{kN} \end{cases} \tag{5-30}$$

考虑臂架的非概率可靠性计算，则不确定变量 $X = [T, N]^T$ 的椭球模型为：

$$\begin{cases} (X - X^0)^T G (X - X^0) \leqslant 1^2 \\ X^0 = [T^0 \quad N^0]^T = [1.2 \times 10^4 \quad 7.6 \times 10^5]^T \\ G = \begin{bmatrix} 1.0 & 0.2 \\ 0.2 & 1.0 \end{bmatrix} \end{cases} \tag{5-31}$$

为方便计算，将该椭球模型进行线性变换转化为标准空间中的椭球集合。将不确定向量 X 用标准化向量 u 表示，对正定矩阵 G 进行特征值分解 $G = Q^T \Lambda Q$，Λ 为对角阵，Q 为对角阵，得到的相应矩阵和标准向量为：

$$Q = \begin{bmatrix} -0.7071 & 0.7071 \\ 0.7071 & 0.7071 \end{bmatrix},\ \Lambda = \begin{bmatrix} -0.7071 & 0.7071 \\ 0.7071 & 0.7071 \end{bmatrix} \tag{5-32}$$

$$u = \Lambda^{1/2} Q (X - X^0) = \begin{bmatrix} u_1 \\ u_2 \end{bmatrix}$$

$$= \begin{Bmatrix} [\sqrt{10} \times (T - 12)]/5 - [\sqrt{10} \times (N - 760)]/5 \\ [\sqrt{15} \times (N - 760)]/5 + [\sqrt{15} \times (T - 12)]/5 \end{Bmatrix} \tag{5-33}$$

则不确定参数 X 由标准化向量 u 可表示为：

$$X = \begin{bmatrix} T \\ N \end{bmatrix} = \begin{bmatrix} (\sqrt{10}\mu_1)/4 + (\sqrt{15}\mu_2)/6 + 12 \\ (\sqrt{15}\mu_2)/6 - (\sqrt{10}\mu_1)/4 + 760 \end{bmatrix} \tag{5-34}$$

即表示的不确定参数为：

$$\begin{aligned} T &= \nu(u_1,\ u_2) = (\sqrt{10}\mu_1)/4 + (\sqrt{15}\mu_2)/6 + 12 \\ N &= \nu^{\#}(u_1,\ u_2) = (\sqrt{15}\mu_2)/6 - (\sqrt{10}\mu_1)/4 + 760 \end{aligned} \tag{5-35}$$

5.3.1.1 臂架强度非概率可靠性

考虑载荷组合Ⅱ，安全系数 $n = 1.33$，臂架的许用强度为：

$$[\sigma] = \frac{\sigma_s}{1.33} = \frac{345}{1.33}\text{MPa} = 259\text{MPa} \tag{5-36}$$

临界压力值为：

$$N_{cr} = \frac{\pi^2 EA}{\lambda_h^2} = \frac{\pi^2 \times 2.1 \times 10^5 \times 1.052 \times 10^4}{101.56^2} = 2.118 \times 10^6\text{N} \tag{5-37}$$

考虑臂根处为危险截面，应取 $x = 0$，但是由于在 $x = 5100\text{mm}$ 处有防倾杆加强，因此取 $x = 5100\text{mm}$ 的截面为危险截面，不考虑副臂作用。

把不确定向量 $X = [T,\ N]^T$ 的标准化向量 μ 及相关参数代入臂架强度失效功能函数得：

$$\begin{aligned} y &= [\sigma] - \frac{\nu^{\#}(u_1,\ u_2)}{A} - \frac{\nu(u_1,\ u_2)(L - x)}{W_z\left(1 - \dfrac{\nu^{\#}(u_1,\ u_2)}{0.9N_{cr}}\right)} \\ &= 259 - \frac{(\sqrt{15}\mu_2)/6 - (\sqrt{10}\mu_1)/4 + 760}{1.052 \times 10^4} - \\ &\quad \frac{[(\sqrt{10}\mu_1)/4 + (\sqrt{15}\mu_2)/6 + 12](60000 - 5100)}{7.92 \times 10^6\left(1 - \dfrac{(\sqrt{15}\mu_2)/6 - (\sqrt{10}\mu_1)/4 + 760}{0.9 \times 2.118 \times 10^6}\right)} \end{aligned} \tag{5-38}$$

根据非概率可靠性指标的优化求解模型：

$$\begin{aligned} &\eta = \text{sgn}(g(0))\min\xi \\ &\text{s.t.}\ \ g(\mu) = 0 \\ &\sqrt{\mu^T\mu} \leqslant \xi \end{aligned} \tag{5-39}$$

得 $\eta = 3.196$。

5.3.1.2 臂架刚度非概率可靠性

臂架的许用刚度为：

$$[f] = \frac{0.7L^2}{1000} = \frac{0.7 \times 60^2}{1000} = 2.52\text{m} = 2520\text{mm} \tag{5-40}$$

把不确定向量 $X = [T, N]^T$ 的标准化向量 u 代入臂架刚度非概率可靠性功能函数得:

$$\begin{aligned} g(u) &= [f] - \frac{\nu(u_1, u_2)L^3}{3EI_z} \bigg/ \left(1 - \frac{\nu^{\#}(u_1, u_2)}{0.9N_{cr}}\right) \\ &= 2520 - \frac{[(\sqrt{10}\mu_1)/4 + (\sqrt{15}\mu_2)/6 + 12] \times 60000}{3 \times 2.06 \times 10^5 \times 6.71 \times 10^9} \bigg/ \\ &\quad \left(1 - \frac{(\sqrt{15}\mu_2)/6 - (\sqrt{10}\mu_1)/4 + 760}{0.9 \times 2.118 \times 10^6}\right) \\ &= 2520 - \frac{60496[(\sqrt{10}\mu_1)/4 + (\sqrt{15}\mu_2)/6 + 12]}{[(\sqrt{15}\mu_2)/6 - (\sqrt{10}\mu_1)/4 + 760]} \end{aligned} \tag{5-41}$$

根据优化模型得到 $\eta = 2.093$。

5.3.1.3　臂架整体稳定性的非概率可靠性

对臂架稳定性非概率失效功能函数中相关系数进行计算。

(1) 轴压稳定系数 φ 的计算。臂架的计算长细比为:

$$\lambda = \frac{\mu_1\mu_2\mu_3 L}{\sqrt{I/A}} = \frac{2 \times 1 \times 0.6706 \times 60000}{\sqrt{\dfrac{6.71 \times 10^9}{1.052 \times 10^4}}} = 100.73 \tag{5-42}$$

式中, $\mu_1 = 2$; 对于长臂架 $\mu_2 = 1$; $\mu_3 = 1 - \dfrac{A}{2B} = 1 - \dfrac{10.419}{2 \times 15.813} = 0.6706$; $A = L\cos\mu_{\max} = 60 \times \cos 80° = 10.419\text{m}$; $B = (L + \alpha L) \times \cos\mu_{\max} = 60 \times (1 + 0.5177) \times \cos 80° = 15.813\text{m}$。

臂架的换算长细比为:

$$\lambda_h = \sqrt{\lambda^2 + 40\frac{A_0}{A}} = \sqrt{100.73^2 + 40 \times \frac{2.63 \times 10^3}{6.29 \times 10^2}} = 101.56$$

由 $\lambda_h = 101.56$、16Mn 钢的轴心受压杆件稳定系数表查得 $\varphi = 0.449$。

(2) $f' = 60000 \times \sin 10° = 10418\text{mm}$。

(3) $y = 5100 \times \sin 10° = 885\text{mm}$。

把相关系数及标准空间向量μ代入式（5-38）得臂架稳定性非概率可靠性功能函数为：

$$y = [\sigma]_{\mathrm{II}} - \frac{\nu^{\#}(u_1, u_2)}{\varphi A} - \frac{\nu^{\#}(u_1, u_2)(f' - y) + \nu(u_1, u_2)(L - x)}{\left(1 - \frac{\nu^{\#}(u_1, u_2)}{0.9N_{\mathrm{crx}}}\right)W_z}$$

$$= 259 - \frac{(\sqrt{15}\mu_2)/6 - (\sqrt{10}\mu_1)/4 + 760}{0.499 \times 1.052 \times 10^4} -$$

$$\frac{[(\sqrt{15}\mu_2)/6 - (\sqrt{10}\mu_1)/4 + 760] \times (10418 - 885)}{\left(1 - \frac{(\sqrt{15}\mu_2)/6 - (\sqrt{10}\mu_1)/4 + 760}{0.9 \times 2.118 \times 10^6}\right) \times 7.92 \times 10^6} -$$

$$\frac{[(\sqrt{10}\mu_1)/4 + (\sqrt{15}\mu_2)/6 + 12] \times (60000 - 5100)}{\left(1 - \frac{(\sqrt{15}\mu_2)/6 - (\sqrt{10}\mu_1)/4 + 760}{0.9 \times 2.118 \times 10^6}\right) \times 7.92 \times 10^6} \tag{5-43}$$

根据非概率可靠性的优化模型得$\eta = 2.197$。

由可靠性指标η的定义，我们知道在最危险截面，臂架的强度、刚度、稳定性非概率可靠性都有一定的余量，即臂架的强度、刚度、稳定都满足要求，安全可靠。

5.3.2 编程应用

对于履带式起重机臂架结构的非概率可靠性求解，前面内容从参数确定到优化求解都进行了详细说明。为了便于本书后续对比求解，进行软件开发将理论模型、参数标准化、MATLAB 调用、优化设计方法都包含在其中，只需后台运行即可得出结果。本书软件开发基于 .NET FRAMEWORK 平台，通过 Visual Studio 编写的 C#语言，即使用 .NET 代码库进行编写，C#语言相对于 C 和 C++语法简单，虽然代码较长但是调式简单且更加安全。

通过 VS 2012 软件开发工具，针对履带式起重机臂架结构的非概率可靠性计算进行参数化编程，根据计算所需分为 4 个模块，包括不确定参数的标准化、强度非概率可靠性计算、刚度非概率可靠性计算、稳定性非概率可靠性计算。参数标准化是非概率可靠性计算的前提，故作为单独一个模块进行计算。参数标准化及非概率可靠性计算涉及的优化计算均通过调用 MATLAB 进行分析求解，在软件界面中只需输入所需参数的值，即可直接运行得出计算结果。

图 5-7 为软件编程的主界面。

图 5-7　程序主界面

点击进入系统，进入计算界面，首先对设定的不确定参数进行标准化处理，如图 5-8 所示，为后续计算做准备。界面中的值为上述工程实例计算的初始值。

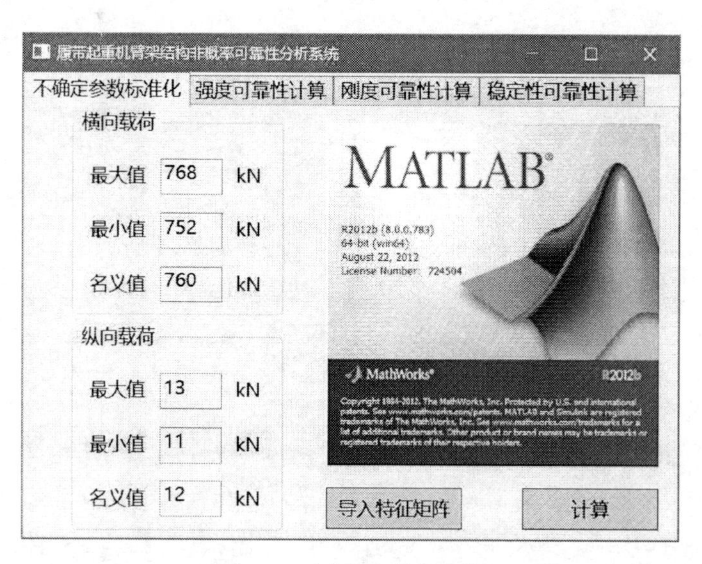

图 5-8　不确定参数标准化

参数计算完成后，即可进行非概率可靠性计算，切换进入强度非概率可靠性计算，输入所需参数，得到计算结果，如图 5-9 所示。

图 5-9 强度非概率可靠性计算

切换刚度非概率可靠性计算界面，其界面类似于强度非概率可靠性计算界面。输入相关参数后运行即可得到计算结果，如图 5-10 所示。

图 5-10 刚度非概率可靠性计算

刚度计算完成后切换至稳定性非概率可靠性计算界面，输入相关参数运行求解得到计算结果，如图 5-11 所示。

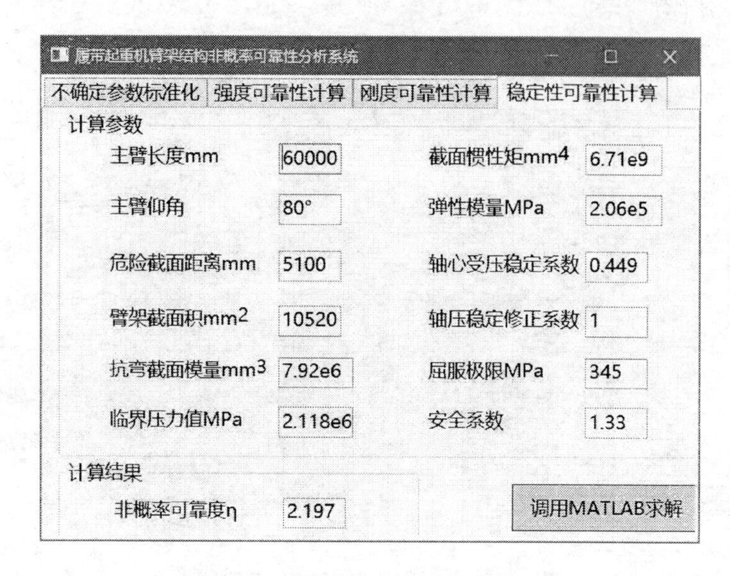

图 5-11　稳定性非概率可靠性计算

5.3.3　不同起重量对臂架非概率可靠性的影响

仍以上述臂架算例为例，主臂长 60m，主臂倾角 80°，起升载荷 $Q = Q_0 + G_0 = 17.5\text{t}$，相关的计算参数如表 5-2 所示。

表 5-2　相关计算参数

起重量 /t	轴向载荷 N/kN	横向载荷 T/kN	抗弯截面模量 /mm³	截面惯性矩 /mm⁴
17.5	768 752	13 11	7.92×10^6	6.71×10^9
弹性模量 /N · mm²	臂架截面面积 /mm²	轴心受压稳定系数	轴压稳定修正系数	安全系数
2.06×10^5	1.052×10^4	0.449	1	1.33

不确定变量 $X = [T, N]^T$ 用椭球模型描述。

根据上述数据参数，通过履带式起重机臂架结构非概率可靠性分析系统，求得强度、刚度、稳定性非概率可靠性指标分别为 3.196、2.093、2.197，得知臂架在最危险截面都是安全可靠的，且有一定余量。下面我们分析，不同起重量对臂架强度、刚度、稳定性非概率可靠性的影响。

臂架的起升载荷改变时，不确定变量横向载荷、轴向载荷的变差范围也发生变化，不同起重量对应载荷变差范围如表 5-3、表 5-4 所示。

表 5-3 不同起重量对应的横向载荷变化

起重量 Q/t	15.5	13.5	11.5	9.5	7.5	5.5	3.5
横向载荷 T/kN	11.9 10.7	10.6 10	9.44 9.14	8.4 8.2	7.32 7.24	6.3 6.1	5.2 5
中心点载荷 /kN	11.3	10.3	9.29	8.3	7.28	6.2	5.1

表 5-4 不同起重量对应的轴向载荷变化

起重量 Q/t	15.5	13.5	11.5	9.5	7.5	5.5	3.5
轴向载荷 N/kN	692 678	602 590	513 503	425 414	335 325	249 240	160 150
中心点载荷 /kN	684	596	508	419.5	330	244.5	155

设不确定参数 $X=[T,\ N]^T$ 服从椭球分布，椭球模型如下：

$$\begin{cases}(X-X^0)^T G(X-X^0)\leqslant 1^2\\ G=\begin{bmatrix}1.0 & 0.2\\ 0.2 & 1.0\end{bmatrix}\end{cases}$$

式中的名义值（即椭球中心点）$X^0=[T^0\quad N^0]$，对于不同的起重量其名义值不同。将不同起重量对应的不确定参数，分别进行标准化得到标准向量 μ，则不确定参数用标准向量 μ 的不同表示列于表 5-5。

表 5-5 部分起重量对应不确定参数的标准化表示

起重量/t	对应不确定参数的标准向量表示
15.5	$X=\begin{bmatrix}T\\ N\end{bmatrix}=\begin{bmatrix}(\sqrt{10}\mu_1)/4+(\sqrt{15}\mu_2)/6+11.3\\ (\sqrt{15}\mu_2)/6-(\sqrt{10}\mu_1)/4+684\end{bmatrix}$

续表 5-5

起重量/t	对应不确定参数的标准向量表示
13.5	$X=\begin{bmatrix}T\\N\end{bmatrix}=\begin{bmatrix}(\sqrt{10}\mu_1)/4+(\sqrt{15}\mu_2)/6+10.3\\(\sqrt{15}\mu_2)/6-(\sqrt{10}\mu_1)/4+596\end{bmatrix}$
11.5	$X=\begin{bmatrix}T\\N\end{bmatrix}=\begin{bmatrix}(\sqrt{10}\mu_1)/4+(\sqrt{15}\mu_2)/6+9.29\\(\sqrt{15}\mu_2)/6-(\sqrt{10}\mu_1)/4+508\end{bmatrix}$
9.5	$X=\begin{bmatrix}T\\N\end{bmatrix}=\begin{bmatrix}(\sqrt{10}\mu_1)/4+(\sqrt{15}\mu_2)/6+8.3\\(\sqrt{15}\mu_2)/6-(\sqrt{10}\mu_1)/4+419.5\end{bmatrix}$
7.5	$X=\begin{bmatrix}T\\N\end{bmatrix}=\begin{bmatrix}(\sqrt{10}\mu_1)/4+(\sqrt{15}\mu_2)/6+7.28\\(\sqrt{15}\mu_2)/6-(\sqrt{10}\mu_1)/4+330\end{bmatrix}$

对比发现，由于选用表示椭球模型的特征矩阵一致，即椭球模型相同，所以其标准化空间是一致的，区别仅在于其名义值不同，所以不确定参数的表示不同。若椭球模型的特征矩阵相同，则标准化向量的差异仅在于名义值 X^0 的不同。

根据以上不同起重量获得的不确定参数标准化形式，由臂架强度、刚度、稳定性的非概率功能函数，对应不同的起重量，失效功能函数不同，根据所编程序，履带式起重机臂架结构非概率可靠性分析系统求解得出的非概率可靠度列于表 5-6。

表 5-6　不同起重量对应的非概率可靠度

起重量/t	17.5	15.5	13.5	11.5	9.5	7.5	5.5	3.5
强度非概率可靠度	3.196	3.283	3.378	3.483	3.609	3.746	3.912	4.105
刚度非概率可靠度	2.093	2.125	2.196	2.257	2.342	2.437	2.553	2.681
稳定性非概率可靠度	2.197	2.302	2.423	2.531	2.661	2.793	2.926	3.114

将表 5-6 中的计算结果在图形中作进一步对比，对比图如图 5-12～图 5-14 所示。

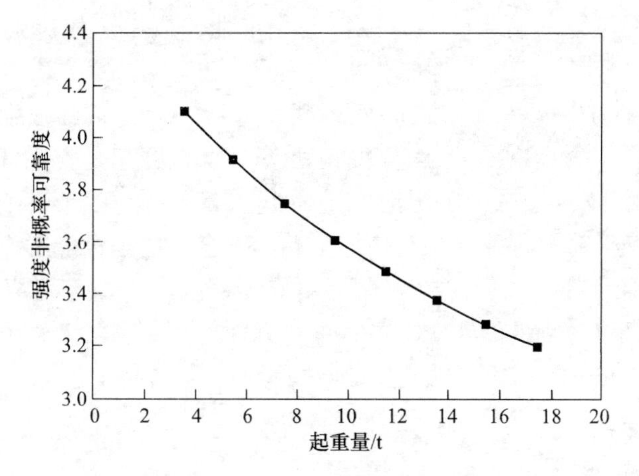

图 5-12 起重量对臂架强度非概率可靠度的影响

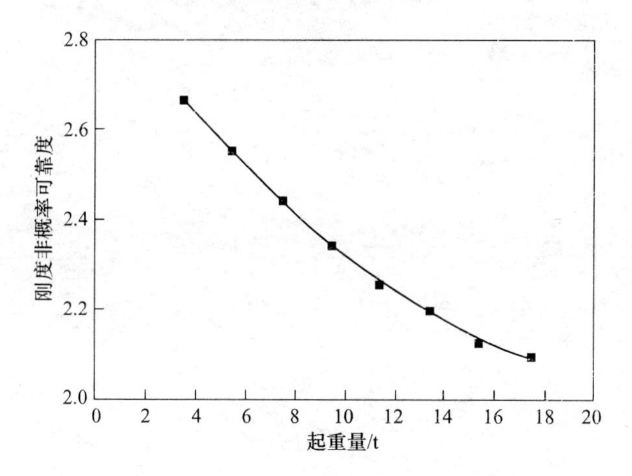

图 5-13 起重量对臂架刚度非概率可靠度的影响

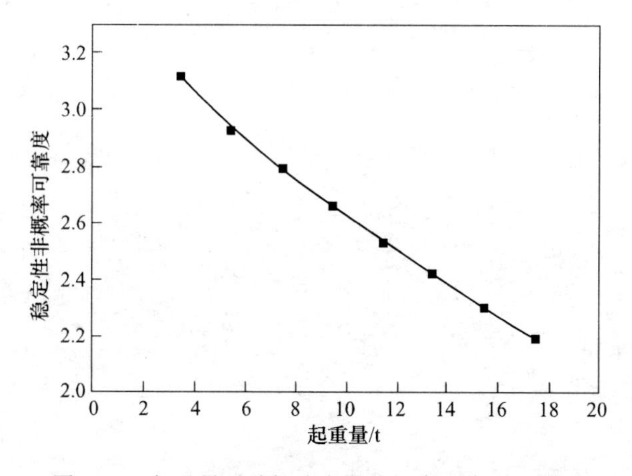

图 5-14 起重量对臂架稳定性非概率可靠度的影响

通过不同起重量对臂架强度、刚度、稳定性非概率可靠度的影响得到如下结论：

（1）此算例对臂架工况位置的危险截面进行了计算，其强度、刚度、稳定性非概率可靠度都满足要求，且都有一定余量，所以臂架是安全可靠的；

（2）整体来看，在同一工况时，随着起重量的减小，臂架的强度、刚度、稳定性的非概率可靠度都在增大，结构更趋于安全，这是符合工程实际的；

（3）相比较于强度和稳定性非概率可靠度，刚度非概率可靠度随起重量的变化较小，这是因为刚度的非概率可靠度与其几何尺寸有较大关系；

（4）臂架的强度、刚度、稳定性非概率可靠度和起重量之间是非线性影响的，其非线性程度不高。

6 基于凸模型的履带式起重机臂架时变可靠性研究

在特种设备尤其是起重机的使用过程中，材料本身性能的衰减、外界温度气候的变化，以及不可避免的物理振动等，都会导致不确定性因素的改变，这些因素在经过时间的累积后，对起重机的寿命、可靠性都产生了影响，例如载荷随着时间的变化，发生的随机性较大，由结构承载的载荷和变形引起的结构的抗力也会随着时间的改变而改变。因此，在研究非概率时变可靠性的过程中，应该考虑时间效应对静态非概率可靠性产生的影响，本章主要研究基于时变的凸模型非概率可靠性，通过软件的计算对时变非概率可靠性做进一步研究。

首次跨越的方法是研究时变可靠性的一种方法，性能极值的方法[51]是研究时变可靠性的另一种方法。这两种方法都建立在大量实验数据样本的基础上，但是在实际工程中一方面数据难以获得，另一方面无法判断数据的准确性，基于此，本章主要介绍将求解静态非概率可靠性指标和时变非概率可靠性指标结合起来，通过计算机软件的辅助，求出时变可靠性指标的方法。

6.1 基于凸模型的时变可靠性理论

6.1.1 凸模型中的表达式

设凸模型为 $X(t)$ ，则上边界和下边界分别表示为: $\overline{X(t)}$、$\underline{X(t)}$ 。

凸模型范围内的平均值表示为:

$$X^{c}(t)=\frac{\overline{X(t)}+\underline{X(t)}}{2} \tag{6-1}$$

凸模型范围内的离差表示为:

$$X^{r}(t)=\frac{\overline{X(t)}-\underline{X(t)}}{2} \tag{6-2}$$

凸模型范围内的方差表示为:

$$D_{X}(t)=(X^{r}(t))^{2}=\left(\frac{\overline{X(t)}-\underline{X(t)}}{2}\right)^{2} \tag{6-3}$$

凸模型变量 $X(t)$ 在任意两个时间段内 t_1、t_2 时所对应的变量值为 $X(t_1)$、$X(t_2)$，那么其范围内的平均值和离差分别为：

$$X^{c}(t_1)=\frac{\overline{X(t_1)}+\underline{X(t_1)}}{2},\ X^{r}(t_1)=\frac{\overline{X(t_1)}-\underline{X(t_1)}}{2}$$

$$X^{c}(t_2)=\frac{\overline{X(t_2)}+\underline{X(t_2)}}{2},\ X^{r}(t_2)=\frac{\overline{X(t_2)}-\underline{X(t_2)}}{2}$$

化为统一单位形式表示为：

$$\begin{aligned}X(t_1)&\in[\underline{X(t_1)},\ \overline{X(t_1)}]=X^{c}(t_1)+X^{r}(t_1)\delta_1\\ X(t_2)&\in[\underline{X(t_2)},\ \overline{X(t_2)}]=X^{c}(t_2)+X^{r}(t_2)\delta_2\end{aligned}\tag{6-4}$$

式中　δ_1 和 δ_2——标准化变量。

6.1.2　非概率时变可靠性极限状态方程

前面已经介绍了静态时的非概率可靠性极限状态方程，那么考虑时间效应作用的结构极限状态方程为：

$$\begin{aligned}g[t,\ X(t),\ d]&=g[t,\ a(t),\ X(t)]=a_0(t)+a(t)X(t)\\&=a_0(t)+\sum_{i=1}^{n}a_i(t)X_i(t)=0\end{aligned}\tag{6-5}$$

式中　$X(t)$——过程矩阵列向量，$X(t)=(X_1(t),\ X_2(t),\ X_3(t),\ \cdots,\ X_n(t))^T$；

$a(t)$——时间效应的矩阵列向量，$a(t)=(a_1(t),\ a_2(t),\ a_3(t),\ \cdots,\ a_n(t))$；

$a_0(t)$——关于 t 的定量的初始函数值。

6.1.3　结构抗力及其时变分析

起重机在实际工程应用过程中，结构的抗力是随时间变化的值，由于外界温度、风速、风向、材料本身的属性出现的衰退、承受的外载荷变化等因素，导致结构抗力成为研究时变的一个重要影响因素。由于自身性能的衰退，结构抗力也呈递减的趋势，同时，载荷的变化也是导致起重机可靠性降低的主要原因。在实际中，抗力的时变模型通常表示为结构初始抗力与抗力衰减函数的乘积。随着服役时间的增加，臂架结构抗力的均值越来越小，而标准差越来越大。

载荷需要考虑是动态还是静态的，对于静态载荷在起重机生命周期内一旦出现应力大于许用应力，结构会马上失效；对于动态载荷考虑累计损伤和应力变换循环，最后计算疲劳损伤程度。

在实际工程应用中，结构的初始值与衰减系数的乘积可以表示结构抗力的时变模型，根据起重机工作的时间，呈递减趋势。结构抗力的时变模型表示为：

$$R(t) = R_0(t)\varphi(t) \tag{6-6}$$

式中　$R_0(t)$——结构初始抗力值，与时间无关；

$\varphi(t)$——衰减系数。

$\varphi(t)$ 通常呈指数递减，如式（6-7）：

$$\varphi(t) = \mathrm{e}^{-kt^2} \tag{6-7}$$

化简后，臂架结构抗力的衰减函数可表示为：

$$R(t) = R(0) + R(0)\delta_0 \tag{6-8}$$

对该模型进行标准化简为：

$$R(t) = R(0) + R(0)\delta_0 \tag{6-9}$$

6.1.4　载荷效应时变分析

载荷在上一节已做说明，分为静态载荷和动态载荷，载荷的由来是作用在结构上的力及其力矩，之后计算出应力和应变[54]。当这些因素不能方便获取时，就看作为不确定参数，之后对其进行边界范围的确定。基于随机过程[55]往往需要大量数据，在这个动态过程中，得到样本的成本较高，导致实际工程中不能得到大量的实验数据信息。

在具体的计算过程应用中，一般将载荷和载荷效应提前设为线性相关的形式，可用式（6-10）表示：

$$S = cQ \tag{6-10}$$

式中　S——载荷效应；

c——常数，表示载荷效应系数；

Q——作用载荷。

由于载荷和载荷效应是存在对应关系的，所以把载荷的计算结果和载荷效应的应用结果进行线性分析，可以算出结构的可靠性的值。

6.1.5　臂架结构非概率时变可靠性模型

一般金属结构如臂架结构的初始抗力表示为区间变量 $R(t) \in [R^l(t), R^u(t)]$，其凸模型内平均值和离差分别表示为：

$$R^c(t) = \frac{R^l(t) + R^u(t)}{2}$$

$$R^{r}(t)=\frac{R^{u}(t)-R^{l}(t)}{2}$$

将其进行统一变为：

$$R(t)=R^{c}(t)+R^{r}(t)\delta_0 \tag{6-11}$$

式中　δ_0——凸模型的统一变量 $R(t)$ 的统一值。

将结构抗力的时变模型表示为初始抗力区间与抗力衰减函数的乘积，则臂架结构非概率强度时变可靠性功能函数表示为：

$$\begin{aligned}g&=g[R(t),\ S(t)]=G(\delta_0,\ \delta_1,\ \delta_2,\ \delta_3,\ \delta_4)\\&=[R(0)+R(0)\delta_0]\mathrm{e}^{-kt^2}-\left\{[\sigma]_{\mathrm{II}}-\frac{\nu^{\#}(u_1,\ u_2)}{A}-\frac{\nu(u_1,\ u_2)(L-x)}{W_z\left[1-\dfrac{\nu^{\#}(u_1,\ u_2)}{0.9N_{\mathrm{cr}}}\right]}\right\}\end{aligned} \tag{6-12}$$

同理，臂架结构非概率刚度时变可靠性功能函数表示为：

$$\begin{aligned}g&=g[R(t),\ S(t)]=G(\delta_0,\ \delta_1,\ \delta_2,\ \delta_3,\ \delta_4)\\&=[R(0)+R(0)\delta_0]\mathrm{e}^{-kt^2}-\left\{[f]-\frac{\nu(u_1,\ u_2)L^3}{3EI_z}\bigg/\left[1-\frac{\nu^{\#}(u_1,\ u_2)}{0.9N}\right]\right\}\end{aligned} \tag{6-13}$$

同理，臂架结构非概率稳定性时变可靠性功能函数表示为：

$$\begin{aligned}g&=g[R(t),\ S(t)]=G(\delta_0,\ \delta_1,\ \delta_2,\ \delta_3,\ \delta_4)\\&=[R(0)+R(0)\delta_0]\mathrm{e}^{-kt^2}-\left\{[\sigma]_{\mathrm{II}}-\frac{\nu^{\#}(u_1,\ u_2)}{\varphi A}-\frac{\nu^{\#}(u_1,\ u_2)(f'-y)-\nu(u_1,\ u_2)(L-x)}{W_z\left[1-\dfrac{\nu^{\#}(u_1,\ u_2)}{0.9N_{\mathrm{cr}}}\right]}\right\}\end{aligned} \tag{6-14}$$

臂架的非概率时变可靠性指标为：

$$\begin{aligned}\eta&=\mathrm{sgn}[g(0)]\cdot\min(\sqrt{\mu^{T}\mu})\\&=\min\|\delta\|_{\infty}\end{aligned} \tag{6-15}$$

故此，η 的求解满足：

$$\begin{cases}g[R(t),\ S(t)]=0\\|\delta_0|=|\delta_1|=|\delta_2|=|\delta_3|=|\delta_4|\end{cases} \tag{6-16}$$

6.2　凸模型非概率时变可靠性在工程中的应用

某履带式起重机臂架结构，材料为Q345，弦杆材料为16Mn钢管，屈服极限$\sigma_s = 345\text{MPa}$，抗拉强度$\sigma_b = 510\text{MPa}$，弹性模量$E = 2.1 \times 10^5\text{MPa}$，泊松比$\mu = 0.3$，密度$\rho = 7.85 \times 10^3\text{kg/m}^3$。在考虑起重量最大情况以及当起重机处于工况最不利的条件下，同时起升机构和回转机构同时在变幅平面和旋转平面作业时，外界环境因素最不利，包括风向是侧向吹，臂架结构工作时的数据以及截面之间的变量参数情况分别如表6-1~表6-3所示。

表6-1　臂架结构的基本工作数据

变　量	参　数
平均起重量/t	35
臂架长度/m	12
臂架自重/t	2.3
工作幅度/m	3.5

表6-2　主臂截面参数

变　量	参　数
应力集中面抗弯模量 W_x/mm^3	2.68×10^6
应力集中面抗弯模量 W_y/mm^3	1.33×10^6
应力集中面惯性矩 I_x/mm^4	1.61×10^9
应力集中面惯性矩 I_y/mm^4	3.93×10^8

表6-3　臂架结构工作时的基本参数

变　量	参　数
臂架工作仰角/(°)	77.9
臂架轴线与拉板夹角/(°)	24
起升动载系数 ϕ_2	1.03
起升时钢丝绳绷紧状态臂架中心线的夹角/(°)	1.85

臂架结构的起重量$Q \in [31.5, 38.5]\text{t}$，偏摆角$\varphi \in [3°, 6°]$，臂架结构的轴向力$N \in [531, 651]\text{kN}$，侧向力$T \in [16, 20]\text{kN}$，由侧向力引起的弯矩$M_x \in$

[156, 190]kN·m，垂直于臂架轴线的自重分力引起的弯矩 $M_y \in [4, 5.2]$kN·m。

6.2.1 臂架结构非概率可靠性

在分析金属结构可靠性时，由于工件的自身性质、设计误差、加工生产误差、环境因素、人为因素、使用和维护等过程伴随产生不确定性因素是不可避免的，尤其是在对大型特种设备的零部件的非概率可靠性进行分析时，不确定性参数的确定成为首要分析对象，只有找到合适的不确定参数，才能保证分析结果的准确性。一般地，金属结构的参数分为3类，材料本身的特定参数、生产的尺寸边界参数、工作时的载荷参数。材料本身的特定参数和生产加工时的尺寸边界参数是金属结构的固有属性，一般不会发生变化，而承受的载荷由于环境因素的影响是一个范围值，不是确定值。通过对本例臂架结构在变幅平面和回转平面的受力分析，臂架结构受到的力有垂直载荷、起升绳拉力、轴向力 N、侧向力 T，其中心点为：

$$
\begin{aligned}
T^0 &= \frac{16 + 20}{2} = 18\text{kN} \\
N^0 &= \frac{531 + 651}{2} = 591\text{kN}
\end{aligned}
\tag{6-17}
$$

对正定矩阵 G 进行特征值分解 $G = Q^T \Lambda Q$，Λ 为对角阵，Q 为对角阵，并有：

$$
Q = \begin{bmatrix} -1 & 0 \\ 0 & 1 \end{bmatrix} \qquad \Lambda = \begin{bmatrix} -1 & 0 \\ 0 & 1 \end{bmatrix} \tag{6-18}
$$

则不确定变量 $X = [T, N]^T$ 的凸模型为：

$$
\begin{cases}
(X - X^0)^T G (X - X^0) \leqslant 1^2 \\
X^0 = [T^0 \quad N^0]^T = [18 \quad 591]^T \\
G = \begin{bmatrix} 1.0 & 0.6 \\ 0.6 & 1.0 \end{bmatrix}
\end{cases}
\tag{6-19}
$$

通过计算将上述模型（6-19）进行线性转化后得到的模型是标准的空间模型。将不确定参数 X 表示为标准化的向量 u，得到的相应矩阵为：

$$
u = \Lambda^{1/2} Q (X - X^0) = \begin{bmatrix} u_1 \\ u_2 \end{bmatrix} = \begin{bmatrix} \sqrt{2} \times (T - 18)/2 \\ \sqrt{2} \times (N - 591)/2 \end{bmatrix} \tag{6-20}
$$

即式（6-20）不确定参数表示的侧向力和轴向力为：

$$T = \nu(u_1, u_2) = (\sqrt{2}\mu_1/2 + \sqrt{45}\mu_2/5) + 18$$
$$N = \nu^{\#}(u_1, u_2) = (\sqrt{45}\mu_2/5 - \sqrt{2}\mu_1/2) + 591 \tag{6-21}$$

6.2.1.1 臂架结构静态强度非概率可靠性

上章节已经介绍过载荷组合，那么根据载荷组合Ⅱ，查表取安全系数为 $n = 1.33$，则臂架的许用强度为：

$$[\sigma] = \frac{\sigma_s}{1.33} = \frac{345}{1.33}\text{MPa} = 259\text{MPa} \tag{6-22}$$

把不确定向量 $X = [T, N]^T$ 的标准化向量 μ 及相关参数代入臂架强度失效功能函数得：

$$g(u) = [\sigma] - \frac{\nu^{\#}(u_1, u_2)}{A} - \frac{M_x}{W_x} - \frac{|M_y + M_{oy}|}{W_y}$$
$$= 259 - \frac{[(\sqrt{45}\mu_2)/5 - (\sqrt{2}\mu_1)/2 + 591] \times 10^3}{4 \times 1114.7} -$$
$$\frac{[(\sqrt{2}\mu_1)/2 + (\sqrt{45}\mu_2)/5 + 18] \times 12000 \times 10^3}{2.68 \times 10^6} \tag{6-23}$$

根据非概率可靠性指标的优化求解模型：

$$\eta = \text{sgn}[g(u)]\min\sqrt{\mu^T\mu} \tag{6-24}$$

得 $\mu = 2.5755$。

6.2.1.2 臂架结构静态刚度非概率可靠性

臂架的许用刚度为：

$$[f] = \frac{0.7L^2}{1000} = \frac{0.7 \times 12^2}{1000} = 100.8\text{mm} \tag{6-25}$$

臂架刚度非概率可靠性功能函数为：

$$g(u) = [f] - \frac{\nu(u_1, u_2)}{3EI_x} \Big/ \left[1 - \frac{\nu^{\#}(u_1, u_2)}{0.9N_{cr}}\right]$$

$$= 100.8 - \frac{[(\sqrt{2}\mu_1)/2 + (\sqrt{45}\mu_2)/5 + 18] + 12000}{3 \times 2.1 \times 10^5 \times 1.61 \times 10^9} \Big/$$

$$\left[1 - \frac{(\sqrt{45}\mu_2)/5 - (\sqrt{2}\mu_1)/2 + 591}{0.9 \times 8.26 \times 10^6}\right] \tag{6-26}$$

根据优化模型得到 $\eta = 13.726$。

6.2.1.3　臂架结构静态稳定性非概率可靠性

由 Q345 钢的轴心受压杆件稳定系数表查得 $\varphi = 0.449$。

把臂架结构的标准向量 μ 代入，可以得到臂架结构的稳定性非概率可靠性功能函数为：

$$g(u) = [\sigma]_{\mathrm{II}} - \frac{\nu^{\#}(u_1, u_2)}{\varphi A} - \frac{\nu^{\#}(u_1, u_2)(f' - y) + \nu(u_1, u_2)L}{\left[1 - \frac{\nu^{\#}(u_1, u_2)}{0.9N_{\mathrm{cr}}}\right]W_x}$$

$$= 259 - \frac{(\sqrt{45}\mu_2)/5 - (\sqrt{2}\mu_1)/2 + 591}{4 \times 1114.7 \times 0.499} -$$

$$\frac{[(\sqrt{45}\mu_2)/5 - (\sqrt{2}\mu_1)/2] \times 12000\sin 11.4^\circ}{0.9 \times 8.26 \times 10^6} -$$

$$\frac{[(\sqrt{2}\mu_1)/2 + (\sqrt{45}\mu_2)/5] \times 12000}{0.9 \times 8.26 \times 10^6} \tag{6-27}$$

根据优化模型得到 $\eta = 2.0941$。

6.2.2　基于 VC++6.0 的模型验证

本节基于 VC++6.0 对履带式起重机臂架结构进行非概率求解，VC++6.0 是对 Windows 开发的编程应用软件，这款软件还有 MFC 类库，直接在类库的基础上进行程序的编写和运行，前期只需要输入相关变量并对其进行建立类向导等过程即可以实现对可靠性指标的求解，通过改变变量的数值，导致输出的结果也不同，从而实现集成化和可视化。

6.2.2.1　验证过程

VC++6.0 初始界面如图 6-1 和图 6-2 所示，该界面可进行“静态可靠性计算”“时变可靠性计算”“退出”这三种操作。

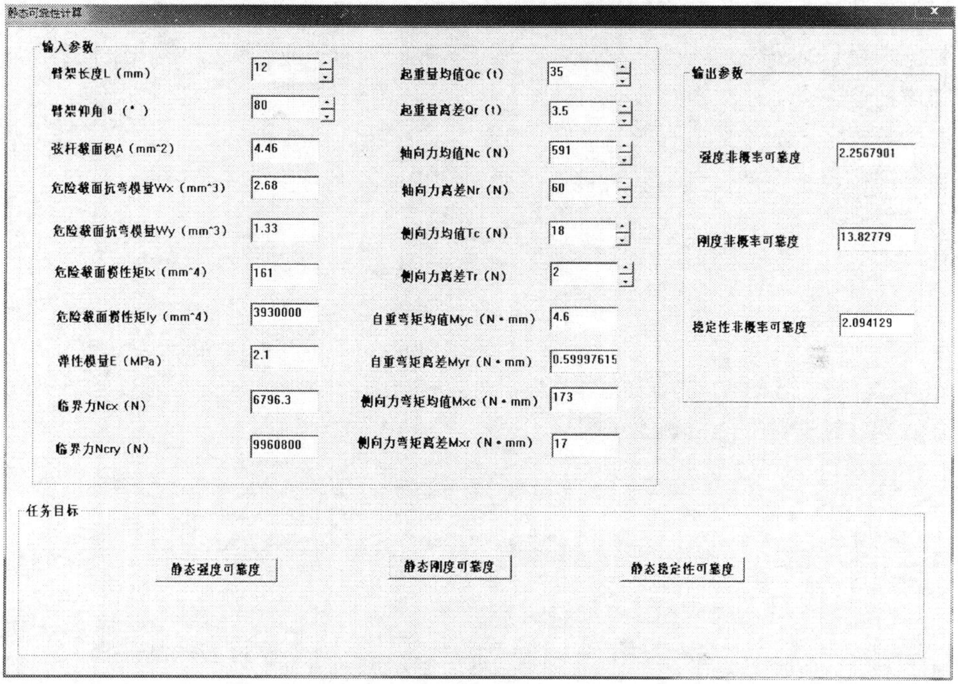

静态可靠性计算

输入参数

参数	值	参数	值
臂架长度L (mm)	12	起重量均值Qc (t)	35
臂架仰角θ (°)	80	起重量离差Qr (t)	3.5
弦杆截面积A (mm^2)	4.46	轴向力均值Nc (N)	591
危险截面抗弯模量Wx (mm^3)	2.68	轴向力离差Nr (N)	60
危险截面抗弯模量Wy (mm^3)	1.33	侧向力均值Tc (N)	18
危险截面惯性矩Ix (mm^4)	161	侧向力离差Tr (N)	2
危险截面惯性矩Iy (mm^4)	3930000	自重弯矩均值Myc (N·mm)	4.6
弹性模量E (MPa)	2.1	自重弯矩离差Myr (N·mm)	0.59997615
临界力Ncx (N)	6796.3	侧向力弯矩均值Mxc (N·mm)	173
临界力Ncry (N)	9960800	侧向力弯矩离差Mxr (N·mm)	17

输出参数

强度非概率可靠度	2.2567901
刚度非概率可靠度	13.82779
稳定性非概率可靠度	2.094129

任务目标

静态强度可靠度　静态刚度可靠度　静态稳定性可靠度

图 6-1 静态可靠性计算

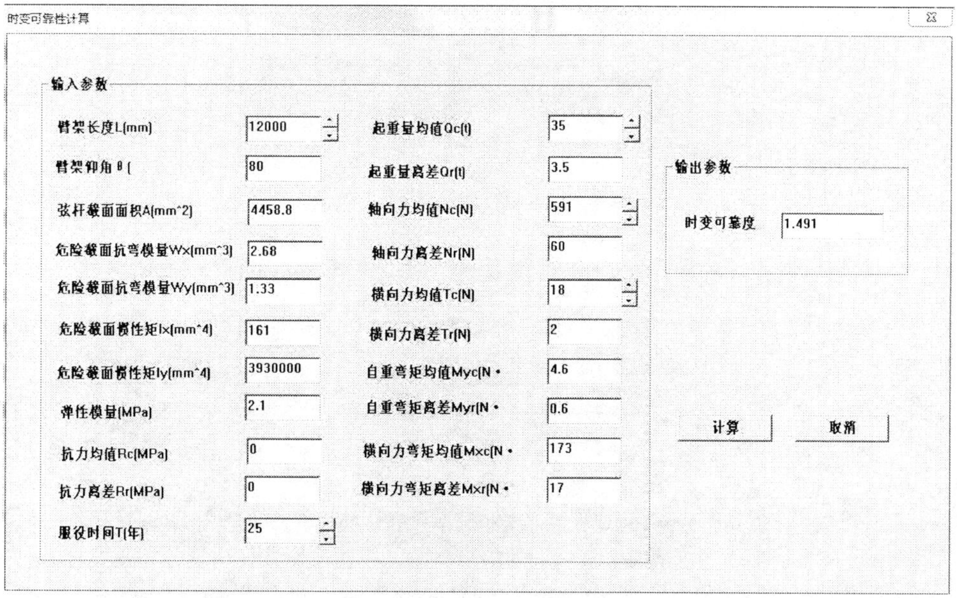

时变可靠性计算

输入参数

参数	值	参数	值
臂架长度L(mm)	12000	起重量均值Qc(t)	35
臂架仰角θ(	80	起重量离差Qr(t)	3.5
弦杆截面面积A(mm^2)	4458.8	轴向力均值Nc(N)	591
危险截面抗弯模量Wx(mm^3)	2.68	轴向力离差Nr(N)	60
危险截面抗弯模量Wy(mm^3)	1.33	横向力均值Tc(N)	18
危险截面惯性矩Ix(mm^4)	161	横向力离差Tr(N)	2
危险截面惯性矩Iy(mm^4)	3930000	自重弯矩均值Myc(N·	4.6
弹性模量(MPa)	2.1	自重弯矩离差Myr(N·	0.6
抗力均值Rc(MPa)	0	横向力弯矩均值Mxc(N·	173
抗力离差Rr(MPa)	0	横向力弯矩离差Mxr(N·	17
服役时间T(年)	25		

输出参数

时变可靠度 1.491

计算　取消

图 6-2 时变可靠性计算

若点击“静态可靠性计算”可出现静态强度可靠度、刚度可靠度、稳定性可靠度的基本参数界面，只需输入规定范围内的数值，点击强度可靠度计算就可直观地得出结果，通过控制按钮可以改变参数的数值，或增大或减小都能改变可靠度的值。

若点击“时变可靠性计算”，同静态可靠性的操作方式一样，输入解基本参数点击“时变可靠性计算”就能够得臂架结构非概率时变可靠性指标。

6.2.2.2　起重量对静态非概率可靠性的影响

由于起重机的载货量、起重量不同导致对静态可靠度的影响，本节主要研究起重量对静态可靠性的影响，起重量均值与静态可靠度的关系见表 6-4。通过 MATLAB 分析得到图 6-3~图 6-5，分别是起重量对臂架结构强度、刚度、稳定性非概率可靠性指标的影响。

表 6-4　起重量均值与静态可靠度的关系

起重量均值/t	20	25	30	35	40	45	50	55
强度静态可靠度	2.43	2.40	2.38	2.26	2.19	2.05	1.52	1.06
刚度静态可靠度	15.33	14.92	14.38	13.83	11.67	7.54	4.75	1.95
稳定性静态可靠度	2.21	2.17	2.13	2.09	1.81	1.63	1.33	0.98

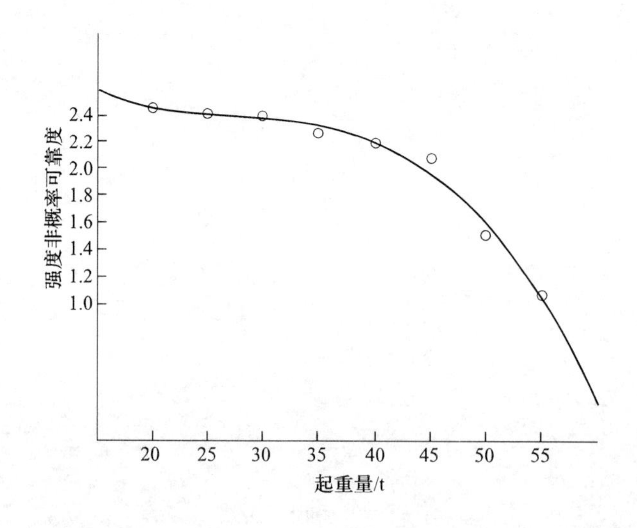

图 6-3　起重量对臂架强度非概率可靠性指标的变化趋势

通过对比不同起重量对非概率静态可靠性的影响，可以得到以下结论：

（1）可以从图中直观地看出，通过改变起重量的大小起重机臂架的强度、

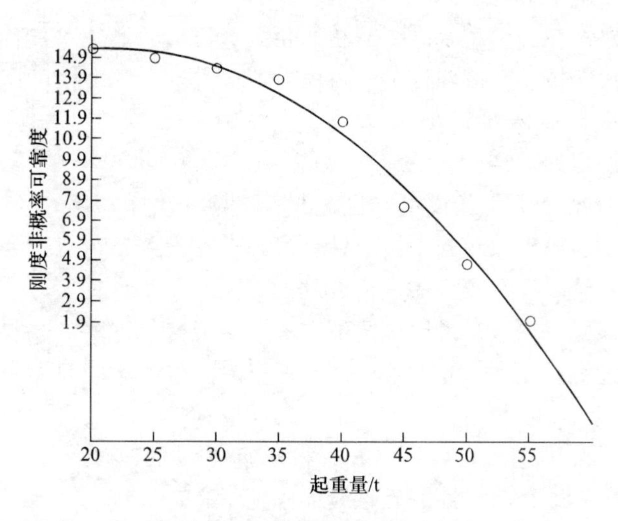

图 6-4 起重量对臂架刚度非概率可靠性指标的变化趋势

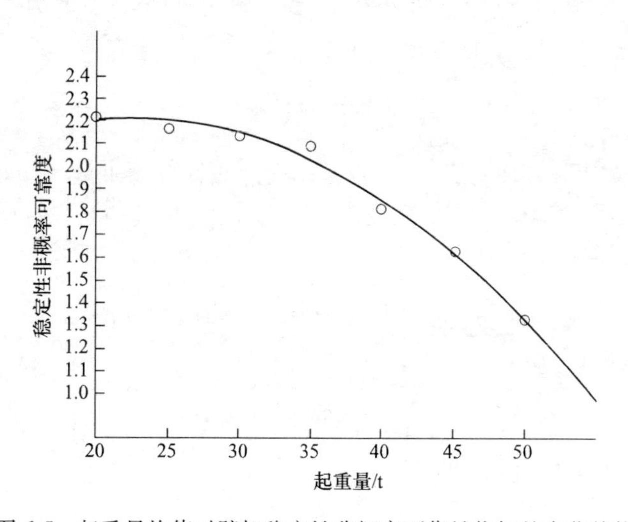

图 6-5 起重量均值对臂架稳定性非概率可靠性指标的变化趋势

刚度、稳定性非概率可靠度都会随着起重量增大而呈递减趋势，但始终大于 1，故可得出臂架结构是安全的，与理论结果一致。

（2）与实际情况相结合比较可知，臂架结构的强度、刚度、稳定性非概率可靠度满足实际要求，故此臂架结构安全可靠。

（3）由图表可知，同一工况下当起重量相同时，对臂架结构刚度影响因素小，当起重量为均值 35t 时刚度非概率可靠度为 13.83，而强度和稳定性非概率可靠度影响低于刚度，数值分别为 2.26 和 2.10。另外强度、刚度、稳定性与起重量关系均呈非线性，线性相关度不高。

本研究是建立在凸模型基础上分析履带式起重机非概率可靠性，通过同一参数不同方法对比分析。与区间模型的方法进行同参数不同方法的对比结果参见图4-4～图4-6和图6-3～图6-5。

通过对比得到如下结论：

（1）相同数据分别用凸模型和区间模型对臂架结构进行计算时，强度、刚度、稳定性曲线趋势大致相同，由于计算过程存在误差，可靠度的结果也存在误差，但误差不明显，没有较大的数值波动。

（2）在起重量超过40t之后，两种方法均出现突然下降的趋势，说明该起重机在起重量超过40t之后可靠度降低的速率变快，在实际过程中应注意对起重量的控制。

（3）无论是凸模型还是区间模型，随着起重量的改变，臂架结构非概率可靠度与起重量的关系是非线性的，且线性程度不高。

（4）相比区间模型而言，凸模型的实数集合上是区间模型，故凸模型在参数边界上范围更广，当凸模型中的变量只有一个时，变量内的参数具有相关性。

6.2.2.3　轴向力对静态非概率可靠性的影响

由于轴向力是由起升绳拉力、垂直载荷、变幅滑轮组的合力组成的，当改变其中一个力或载荷时，轴向力随之改变，本节主要研究轴向力对静态非概率可靠性的影响，如表6-5所示。

表6-5　轴向力对静态非概率可靠性的影响

轴向力/kN	531	551	571	591	611	631	651
强度可靠度	3.33	3.08	2.82	2.58	2.32	2.07	1.81
刚度可靠度	13.96	13.88	13.81	13.73	13.66	13.58	13.51
稳定性可靠度	2.06	2.058	2.052	2.046	2.04	2.034	2.028

通过表6-5可以发现：结构的强度、刚度、稳定性非概率可靠度都随着轴向力的增大而降低，由于轴向力是垂直载荷、起升绳拉力、变幅滑轮组拉力的合力，所以当结构承受的轴向力增大时，结构的可靠度也会随之减小，呈负相关。

6.2.3　基于VC++6.0的时变非概率可靠性

6.2.3.1　研究服役时间时变非概率可靠性的影响

若该起重机服役时间为35年，并考虑自身性能损耗和退化因素，那么臂架结构的抗力均值会降低，离差会随时间延长而增大，则极限状态的非概率时变可靠性表达式为：

$$g(t) = R(t) - S(t) = 0 \tag{6-28}$$

式中 $R(t)$ ——臂架结构的抗力；

$S(t)$ ——承受载荷，主要由静载荷、随时间变化的风载荷、惯性载荷、起升载荷等因素影响。

表 6-6 是轴向力均值、轴向力离差、抗力变化系数之间的关系，通过对表格进行绘图分析后得到图 6-6 和图 6-7。

表 6-6 不同服役时间对应的臂架结构时变非概率可靠性指标值

服役期限/年	5	10	15	20	25	30	31	35
结构抗力衰减系数 $\varphi(t)$	0.993	0.986	0.970	0.932	0.886	0.763	0.531	0.339
非概率时变可靠性指标	2.41	2.36	2.27	2.08	1.60	1.10	0.996	0.562

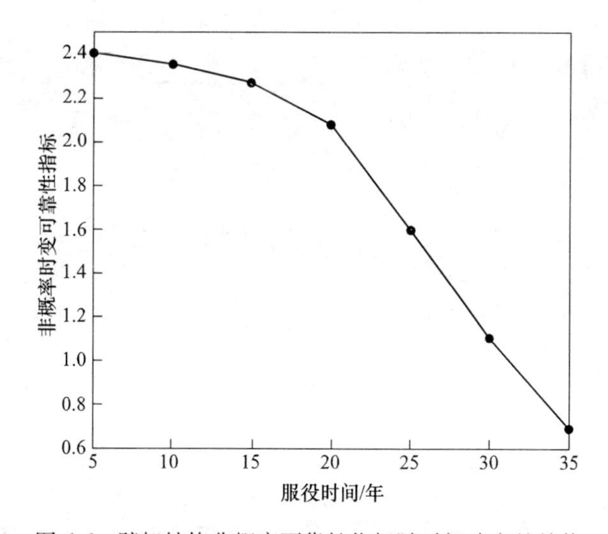

图 6-6 臂架结构非概率可靠性指标随时间改变的趋势

(1) 非概率可靠性指标和抗力衰减系数均随时间年限的增大而降低，大致呈线性关系。

(2) 与静态非概率可靠性相比，时变非概率可靠性的指标更低，因此在设计的过程中应考虑时间变量。

(3) 通过软件计算发现，在第 31 年时非概率时变可靠性指标小于 0，此时结构处于失效状态，结构报废。

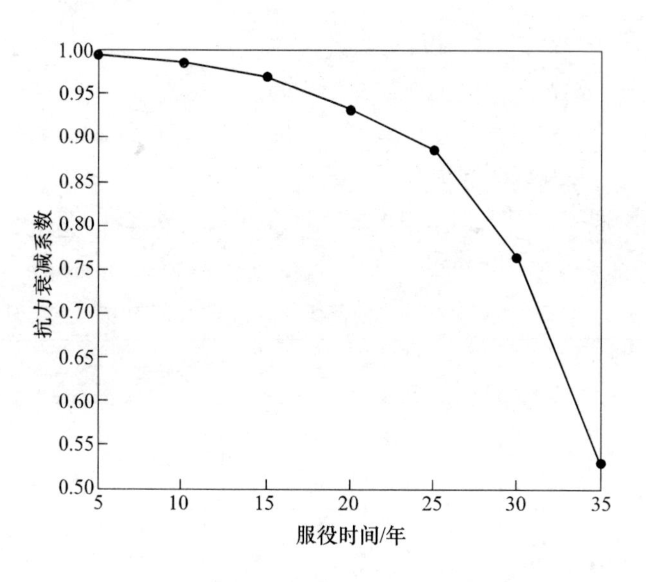

图 6-7 抗力衰减系数随时间改变的趋势

6.2.3.2 不同轴向力对时变非概率的影响

表 6-7 是轴向力均值与非概率时变可靠性指标之间的关系，通过对表格进行对比可绘出对比图 6-8。

表 6-7 不同轴向力均值对应的时变非概率可靠性指标值

轴向载荷/kN	项目	数值						
551	服役年限/t	5	10	15	20	25	30	35
	时变非概率可靠性指标	2.411	2.362	2.273	2.086	1.901	1.607	0.562
571	服役年限/t	5	10	15	20	25	30	34
	时变非概率可靠性指标	2.402	2.357	2.265	2.069	1.793	1.438	0.493

续表 6-7

轴向载荷/kN	项目	数值						
591	服役年限/t	5	10	15	20	25	30	32
	时变非概率可靠性指标	2.398	2.332	2.203	2.011	1.529	1.223	0.329
611	服役年限/t	5	10	15	20	25	30	31
	时变非概率可靠性指标	2.393	2.296	2.184	1.962	1.438	1.094	0.216
631	服役年限/t	5	10	15	20	25	29	30
	时变非概率可靠性指标	2.387	2.273	2.014	1.833	1.204	0.834	0.113

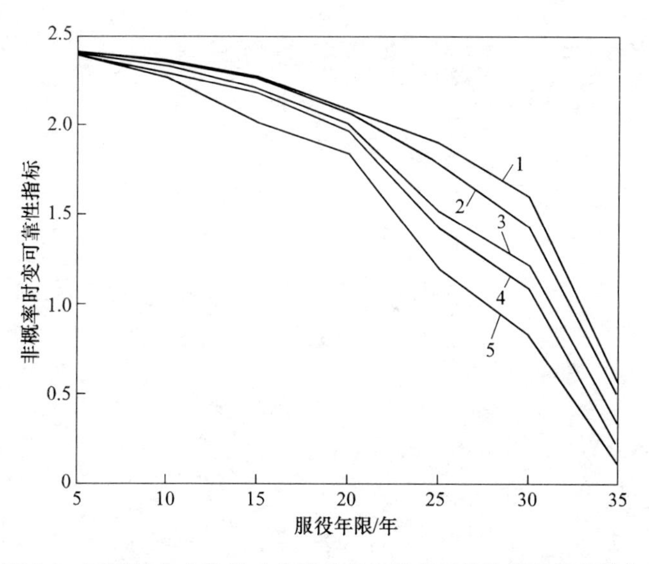

图 6-8 不同轴向力均值对应的时变非概率可靠性指标值的趋势

1—轴向载荷 551kN；2—轴向载荷 571kN；3—轴向载荷 591kN；4—轴向载荷 611kN；5—轴向载荷 631kN

通过图 6-8 可以发现：

（1）随着轴向载荷的增大，非概率时变可靠性指标呈递减趋势，在服役 30 年后结构非概率可靠性指标小于 1，结构失效；

（2）轴向载荷越大，在相同服役年限内，非概率时变可靠性指标越小，与实际相符合；

（3）在使用初期的 5~10 年内，轴向载荷对非概率时变可靠性影响不大，但在 25~35 年之间差别较明显。

参 考 文 献

[1] 马艳丽．履带起重机臂架结构的非概率可靠性分析与安全评估 [D]．太原：太原科技大学，2015.

[2] 路艺．基于凸模型的履带起重机臂架结构非概率可靠性分析 [D]．太原：太原科技大学，2016.

[3] 李晓霞．基于区间非概率模型的起重机臂架结构时变可靠性研究 [D]．太原：太原科技大学，2017.

[4] 杨淑伟．基于凸模型的履带起重机臂架时变可靠性研究 [D]．太原：太原科技大学，2018.

[5] 李晓霞，杨瑞刚．基于区间分析的履带起重机结构非概率可靠性研究 [J]．安全与环境学报，2018 (1)：28~32.

[6] 杨瑞刚，孟令军．桥式起重机主梁结构多源不确定性混合可靠性分析 [J]．安全与环境学报，2018 (4)：1246~1250.

[7] Yang Ruigang, Duan Zhibin, Lu Yi, et al. Load reduction test method of similarity theory and BP neural networks of large cranes [J]. Chinese Journal of Mechanical Engineering, 2016, 29 (1): 145~151.

[8] Yang Ruigang, Lu Yi, Wang Lei, et al. Safety assessment method for the crane structure based on the unacertained measuring theory [J]. International Journal of u- and e- Service, Science and Technology, 2015, 8(8): 307~314.

[9] 杨瑞刚，马艳丽，徐格宁．基于区间分析的起重机结构非概率可靠性分析 [J]．安全与环境学报，2016，16 (4)：12~16.

[10] 杨瑞刚，段治斌，徐格宁，等．基于相似理论的大型桥式起重机结构安全评价试验验证方法 [J]．安全与环境学报 (Journal of Safety and Environment)，2014 (2)：94~97.

[11] 杨瑞刚，徐格宁，等．基于时变失效的桥式起重机结构可靠性分析 [J]．中国安全科学学报，2012，22 (8)：64~69.